辽宁省惠宁寺
迁建保护工程报告

辽宁省文物考古研究所
河北省古代建筑保护研究所 编

文物出版社

封面设计：张希广

责任印制：陆　联

责任编辑：张广然　李　东

图书在版编目（CIP）数据

辽宁省惠宁寺迁建保护工程报告/辽宁省文物考古研究所，
河北省古代建筑保护研究所编 . —北京：文物出版社，
2007. 10

ISBN 978－7－5010－2204－5

Ⅰ. 辽…　Ⅱ.①辽…②河…　Ⅲ. 喇嘛教—寺庙—整体搬
迁—辽宁省　Ⅳ. TU746. 4

中国版本图书馆 CIP 数据核字（2007）第 083457 号

辽宁省惠宁寺迁建保护工程报告

辽宁省文物考古研究所
河北省古代建筑保护研究所　编

＊

文 物 出 版 社 出 版 发 行

（北京市东直门内北小街2号楼）

http：//www. wenwu. com

E-mail：web@wenwu. com

北京达利天成印刷有限公司印刷

新 华 书 店 经 销

787×1092　1/16　印张：16　插页：1

2007 年 10 月第 1 版　2007 年 10 月第 1 次印刷

ISBN 978－7－5010－2204－5　定价：158.00 元

序

傅清远

白石水库库区文物保护工程——惠宁寺迁建工程，是新中国成立以来辽宁省因国家重点工程建设的特殊需要而确定的最大规模的一项古建筑群整体迁出、易地保护工程，意义重大，影响深远。关于本工程，我曾参与了这个项目的前期论证和招投标的评审以及竣工验收工作。在《惠宁寺迁建报告》的编写即将完成之际，辽宁省文物考古研究所邀我为本报告作序，我深感荣幸。

惠宁寺位于辽宁省北票市下府蒙古族自治乡下府村，为藏传佛教寺院，省级文物保护单位。据现存寺内碑文记载，惠宁寺始建于乾隆三年（1738 年），距今已有近三百年的历史，是辽宁省现存藏传佛教寺院中规模最大、布局保存最为完整的一座，在建筑史、民族史、宗教史、社会发展史等方面具有极为重要的文化价值和丰富的历史信息。

自元代以来，由于历代中央王朝在对藏区的施政中，皆对藏传佛教采取扶持政策，加之藏区与汉地以及我国的一些少数民族地区之间的文化交流日益频繁，藏传佛教文化开始向我国的一些少数民族地区和汉族聚居的内地传播。藏传佛教建筑成为藏传佛教文化的载体，而内蒙古自治区的藏传佛教建筑在少数民族地区中最为突出。在汉地较具代表性的是今山西五台山、北京市、河北承德市以及辽宁沈阳市等地区。这些地区的藏传佛教寺庙，不仅仅是藏传佛教在这些地区传播的基地，更重要的是成为汉族和少数民族文化交流和友好交往的历史见证和缩影。

正因为有如此丰富的历史文化信息蕴含于藏传佛教建筑之中，我们有责任和义务把前人留下的宝贵遗产真实、完整地传承下去。此次惠宁寺的迁建，从辽宁省文物局到省文物考古研究所都极为重视，始终本着"前对得起古人，后对得起来者"的态度，为此成立了惠宁寺迁建工程领导小组，编制了两套保护方案，经专家反复论证，最终确定采取迁建保护方案。之后根据保护方案进行的勘查、设计、招投标、落架迁出、构件修缮、立架安装等所有环节，完全是按照《文物保护法》和《中国文物古迹保护准则》与《古建筑修建工程质量检验评定标准》所要求的原则来进行的，且修缮档案比较完备，并聘请了河北省古代建筑保护研究所对工程进行全程监理，可以说，走的是一条非常规范化的道路。在工程竣工验收会议上，罗哲文先生和其他专家都给予了充分的肯定。另外还不要忘记已故的国家文物局著名古建专家傅连兴先生为惠宁寺搬迁的前期论证付出了大量心血。

惠宁寺迁建工程的成功修缮，为辽宁的古建筑整体搬迁积累了丰富的经验。同时通过本工程的实践，也培养了一批古建筑维修技术人才，壮大了辽宁的古建筑修缮队伍。

《惠宁寺迁建工程报告》的出版，使本工程画上了一个圆满的句号。报告尽管未能达到尽善尽美，但它是辽宁省古建筑维修工程的第一部报告，具有抛砖引玉的作用。

目　　录

实测图目录

图版目录

总 论

一　蒙古族地区藏传佛教发展概述

蒙古人信仰喇嘛教从元朝开始。13 世纪，西藏萨迦派喇嘛八思巴归附蒙古，中统元年（1260 年），忽必烈封其为"国师"，并在西藏设官封职，以八思巴为最高政教首领，红教遂开始掌握了西藏地方的政权，在萨迦县仲曲河两岸建设和扩建了萨迦南寺和北寺以及实施政教管理的八思巴官署，同时把教义传入了蒙古族地区。在元朝时期藏区寺庙建筑以夏鲁寺、萨迦寺为代表，是蒙、藏、汉民族文化融合的典型实物例证。

1576 年，正处于极盛时期的土默特部强大的首领阿勒坦皈依喇嘛教。土默特部决定，在蒙古人中以黄教的形式正式恢复喇嘛教。并在万历十五年（1587 年）叩见达赖喇嘛。接着是察哈尔大汗图们札萨克图（1557～1593 年在位）崇信喇嘛教，并以佛教教义为基础颁布了一部新的蒙古法典。他的第二代继承人——林丹大汗（1604～1634 年在位）还建了一些寺庙，并让人把《甘珠尔经》由藏文译成蒙古文。喀尔喀人早在 1558 年就已经开始信奉西藏佛教，1602 年，另一位活佛迈达里·胡土克图被请到了库伦地区，并以转世的形式代代相传至 1920 年。

16 世纪末，宗喀巴（1357～1419）新创的黄帽派成为喇嘛教的主要教派，黄帽派喇嘛教在蒙古地区得到广泛传播，并很快地成为蒙古族唯一的宗教信仰。喇嘛教的教义使喇嘛教成为蒙古族封建主得力的思想统治工具。因此，蒙古族封建主极力提倡喇嘛教，使其为巩固自己的封建统治服务。其次，明朝也鼓励喇嘛教在蒙古族地区传播，给一些西藏喇嘛优厚的赏赐，派他们到蒙古王公那里"讲说劝化"。对于蒙古族封建主迎送达赖喇嘛，也给予各种便利和支持，如允许他们经过内地到西藏，沿途开设临时市场，供应各种物资等。还在北京印制黑字、金字藏经，制造各种法器送往蒙古地区。蒙古族封建主建造寺庙时，明朝大力帮助解决各种建筑工匠和蒙古地区所没有的物资、器材。在上述情况下，蒙古地区最有权势的封建领主，如土默特的俺答汗、喀尔喀的阿巴岱汗、察哈尔的图门汗以及瓦剌的封建主，几乎在同一时期先后接受了喇嘛教，并且使它得到广泛的传播和发展。

16 世纪后半叶，蒙古族的建筑艺术也有了新的发展。阿勒坦汗建造了呼和浩特城，城中的宫殿和宅第，据史料记载，其形制为内地的宫殿式建筑，明显受到了汉族建筑艺术的影响。同时蒙古地区营建的藏传佛教寺院建筑也取得了辉煌成就，如内蒙古地区的美岱召等是明代藏传佛教寺院布局规划、建筑技术和艺术的典范。

17 世纪上半叶，后金政权为了便于统治，更为了体现后金统治者威镇四方、天下一统的思想，积极笼络信仰喇嘛教的各族人民。清军入关前，皇太极曾在盛京（今沈阳）敕建了"七寺四塔"。其中最有影响力的是七寺之一的"实胜寺"，从清崇德元年（1636 年）

七月营建，崇德三年（1638 年）竣工，寺藏"莲花净土实胜寺"四体文碑记载了喇嘛教在蒙古地区传播的历史。清朝历代皇帝均对实胜寺十分推崇，每次东巡都到实胜寺朝拜，以示清政府对喇嘛教的重视和信仰的虔诚，藉以达到其笼络各族民心的目的。清高宗曾四次到实胜寺拜佛，乾隆八年（1743 年），并题诗记事。诗云：

天聪建年后，蒙古曰觐来，

是皆奉佛者，梵宇于是开。

神通而设教，易语理最该，

圣人岂外兹，所谋远且恢。

是寺名实胜，征名德胜迥，

上下同努力，成功资众财。

……

在另外一首题为"实胜寺"的诗中云：

精兰何处无，动地佑皇图。

虔礼世景相，敬世开国模。

从以上诗句中可以看出，藏传佛教在笼络人心，成就清朝的开国大业，为清朝进关统一中国起到了一定的历史作用。

清入关后，喇嘛教的影响进一步加深。清朝政府认为"兴黄教即所以安众蒙古，所系非小"，对喇嘛采取了保护和奖励政策，不仅鼓励各盟兴修大批寺庙，而且由皇帝敕建修筑。承德外八庙就是清朝通过宗教推行民族统治的典型例证，充分体现了清朝政府"普宁"、"安远"、"柔远"的统治思想。

承德《溥仁寺碑记》："蒙古部落，百年以来，敬奉释教，并无二法。"

承德《普宁寺碑记》："……昔我皇祖之定喀尔喀也，建汇宗寺于多伦诺尔……蒙古向敬佛，兴黄教，故寺之式，即依西藏三摩耶庙之式为之。名之曰'普宁'者……"

承德《安远庙瞻礼书事》："……然予之所以为此者，非惟阐扬黄教之谓，盖以绥靖荒服，柔怀远人，俾之长享乐利，永永无极云……"

承德《普乐寺碑记》："……是朕所由继'普宁'、'安远'，而名之'普乐'者……"

清朝政府大力弘扬和扶持藏传佛教在蒙古地区传播，确实达到了其巩固统治的目的，"喇嘛教的盛行对东蒙古人产生了立即见效的松弛作用"（［法］雷纳·格鲁塞：《蒙古帝国史》）。"在虔诚的西藏教权主义的影响下，他们（蒙古人）很快丧失了阳刚之气"（《沈阳文史资料（第五辑）》）。"（蒙古人）陷入顺从的惰性，除了给他们的喇嘛提供奢侈的生活外，无所关心"（齐敬之：《外八庙碑文注译》）。"佛教最初是使这些粗鲁的野蛮人变得较为温和仁慈，后来使他们变得迟钝，最后使他们失去了自我保护的本能"（《蒙古族简史》）。

清朝时期，蒙古族对藏传佛教的信仰和寺庙建设达到了鼎盛期。内蒙古地区的建筑遗存最为丰富，呼和浩特市的大召、小召、五当召、席力图召、五塔寺、乌素图召，包头市五当召、梅力更召、喇嘛洞召、昆都仑召，多伦的汇宗寺、善因寺等都是清朝蒙古族地区喇嘛庙建筑历史的代表作。除此之外，在辽西地区亦存有大量现状保存较为完整的藏传佛教寺院，如朝阳佑顺寺，凌源县万祥寺、凌支寺，喀左的守性寺，北票市的惠宁寺、禅通寺、鸿法寺、经寿寺、金家寺，阜新市瑞应寺、德惠寺等，都是清代寺庙建筑的杰作，也是清朝政府利用藏传佛教在蒙古地区实施宗教统治的产物。所有这些都为我们系统了解和研究蒙古族宗教史、文化史、建筑史、社会发展史等方面提供了重要的的实物例证。

二　项目概述

惠宁寺原址全景图

（一）惠宁寺迁建背景

大凌河流域是辽宁省西部干旱少雨地区，十年九旱，水资源极其贫乏，而且由于缺少骨干调蓄工程，工农业缺水严重。同时大凌河流域洪水灾害频繁，平均每十年就要遭受一次较重的洪水灾害，造成人民群众生命财产的很大损失。1996 年 2 月白石水库被列为辽宁省"九五"期间九大重点水利工程项目之一。

辽宁省白石水库位于北票市境内大凌河干流上，地处朝阳、阜新、锦州三市中心地带，是以防洪、灌溉、城市供水为主兼顾发电、养鱼综合利用的大（Ⅰ）型水利枢纽工程。水库总库容 16.51 亿立方米，兴利库容 8.7 亿立方米。大坝为碾压式混凝土重力坝（RCD），坝长 513 米，最大坝高 50.3 米。水电站为坝后式厂房，装机 9600 千瓦。该工程修建后可明显减轻下游洪水灾害，对下游农业资源的开发及对阜新等严重缺水城市提供生活生产用水。

惠宁寺位于辽宁省北票市东南 15 公里的下府蒙古族自治乡下府村，在白石水库淹没区内。寺院坐北朝南，北靠端木塔杜山，南临大凌河，东面为牤牛河。惠宁寺始建于乾隆三年（1738 年），为藏传佛教寺院，距今已有近三百年的历史，是辽宁省现存规模最大、保存最为完整的藏传佛教寺院。1988 年，惠宁寺被辽宁省人民政府列为重点文物保护单位。

惠宁寺在"文革"期间遭到严重破坏以后，一直未进行过有效的修缮，致使惠宁寺险情和隐患丛生。白石水库的投资建设后，惠宁寺周边的居民已全部迁走，致使其失去了原地存在的条件和环境，为更好地保护这一蒙古族藏传佛教文化遗产，经多学科的专家多次论证，决定将惠宁寺整体搬迁、易地保护，使其得以全面修缮和更合理的利用。

惠宁寺原址、新址位置关系图

（二）水文气象和工程地质

1. 白石水库坝址以上控制流域面积 17649 平方公里，占全部流域面积的 76％。坝址处多年平均径流量 13.45 亿立方米，多年平均流量 42.65 立方米/秒，实测最大流量 30400 立方米/秒，坝址多年平均输沙量 2143 万吨，平均含沙量 18.08 公斤/立方米。大凌河流域多年平均降水量在 550～630 毫米之间。降雨的年际、年内分配很不均匀，多集中在 7 月，占全年的 33％，6～9 月汛期占全年的 80％左右。多年平均水面蒸发量为 1800～2300 毫米。多年平均气温 8 摄氏度左右，极端最高气温在 38～42 摄氏度之间，极端最低气温为零下 37 摄氏度。流域平均相对湿度在 38％～82％之间，其中 7～8 月在 70％以上。多年平均风速为 2.9～4.3 米/秒。无霜期 130～180 天，初霜最早在 8 月下旬，终霜最晚在 5 月下旬。年最大冻土深度可达 1.9 米。降雪时间较长，从 10 月下旬到次年 3 月，积雪日期在 60～90 天左右，积雪深度在 20 厘米左右。气温及风力、风向（见表一）。

表一　气温及风力、风向统计表

月　份	气　温（℃）			风力及风向		
	平均最高	平均最低	平均	最大月平均风速（m/s）	最大风速（m/s）	最大风速的方向
1	－ 3.35	－ 17.15	－ 10.80	12.75	14	SW、NW、NNW
2	0.10	－ 14.20	－ 7.45	12.50	14	N、NNE、NW
3	7.60	－ 6.50	0.35	14.25	15	NW
4	16.95	2.35	9.70	13.75	10	SSW
5	24.80	10.05	17.70	13.00	14	SW、WNW、NW
6	27.90	15.55	21.75	11.25	14	S
7	29.30	19.45	24.30	9.50	12	WNW
8	28.55	17.40	22.90	9.25	10	NE、NW、NNW
9	24.45	9.90	17.10	10.00	12	SSW
10	16.90	2.40	9.30	12.00	13	NW
11	7.10	－ 6.30	－ 0.20	13.25	14	WNW、NW
12	－ 0.90	－ 14.30	－ 8.25	13.00	14	WNW、NW
全年	29.30	－ 17.15	8.08	12.04	18	SSW

2. 惠宁寺迁建新址位于原址后靠山坡上，场地地貌单一，北高南低，最大高差近 5 米。该场区地层从坡上到坡下分别为风化岩、素填土、粉土、粉质黏土、残积土、坡积

物、风化岩。场地后部建筑关公殿、舍利殿、弥勒殿、藏经阁为Ⅰ类，其他建筑为Ⅱ类。场地地基土自上而下分述如下：

风化岩：地表为侏罗纪石英砂岩，风化程度为中等，呈棕红色坚硬块状。

素填土：人工填方形成，主要分布在坡下建筑物位置，分布深度 0.3～2.5 米，主要为棕红色粉土。

粉土：上部黄色，干，含砾粒，中密－密实。向下为棕红色，黏粒含量很高。坡积成因，主要分布在关公殿、七间殿、弥勒殿的南部表层。

粉质黏土：坡残积成因，褐黄及棕红色，湿，可塑，局部较软可塑，含角砾。主要分布在坡下建筑。

残积土：棕黄色及棕红色，湿，中密。硬塑，中等压塑。

坡积物：棕红色坡积角砾，次圆状，称湿，中密－密实。

风化岩：为棕红色块状中等风化砂岩。

本区地震基本烈度为 6 度，场区地下水埋藏深，无断裂构造带及活动层。

各层地基承载力标准值（fk）如下：

粉土：$fk = 180\text{kPa}$，粉质黏土：$fk = 150～180\text{kPa}$，风化岩：$fk = 800\text{kPa}$

（三）对外交通条件

惠宁寺迁建工程位于北票市东南 15 公里的下府乡，新址前有新建的北票至长皋公路通过，与附近县市均有公路相通，交通较为方便。施工所需大宗物资可由锦州—承德铁路运至上园火车站，经转运站运至工地现场。

表二 惠宁寺迁建工程概况

项目名称	辽宁省北票市惠宁寺
地理位置	辽宁省北票市下府蒙古族自治乡
时 代	清代
保护级别	省级文物保护单位
总体布局	见下文描述
工程内容	惠宁寺、师佛仓
工程性质	整体搬迁、易地保护
管理单位	辽宁省北票市文物管理所
设计单位	辽宁省文物考古研究所
监理单位	河北省古代建筑保护研究所
施工单位	沈阳敦煌古代建筑工程公司、大连古建园林工程公司
工 期	2002 年 4 月～2005 年 4 月

三　惠宁寺总体建筑布局及迁建工程范围与内容

（一）总体建筑布局

1. 惠宁寺主体建筑

现存惠宁寺南北长 192 米，东西宽 63 米，占地面积 12000 平方米，建筑以南北纵轴对称布置，西配殿和西角门现已无存。中轴线自南向北依次为山门、天王殿、大殿、四方殿（藏经阁）、七间殿（舍利殿），东西两侧依次为角门、钟（鼓）楼、东（西）更房、药王殿、书写殿（数学殿）、武王殿（五佛殿）、配殿、弥勒殿、关公殿。

惠宁寺周围原来还建有许多仓口，其建筑不下百余间，现惠宁寺东侧还保存着比较完整的两座四合院即石佛仓（师佛仓）和东师佛仓。

山门：位于惠宁寺的最南部，是惠宁寺的主入口，为单檐歇山式建筑。面阔三间，进深一间，山面显二间，南面加设月台。明次间的前后均辟拱券式大门。建筑面积 102.56 平方米；月台面积 178.05 平方米。

天王殿：位于山门北面的中轴线上，是第一院落的主体建筑，为单檐歇山式建筑。面阔三间，进深一间，山面显二间。在明间前后均辟券顶大门，次间南墙置圆形洞窗共两扇。建筑面积 136.61 平方米。

大殿：位于惠宁寺的中心处，是寺内的主要建筑。据寺内现存石碑记载，大殿始建于乾隆十五年（1750 年），毁于光绪二年（1876 年），光绪八年（1882 年）动工重修，现存的建筑应是光绪八年的建筑，距今 120 年。大殿高三层，建在 1.5 米的石制台基上，前有 6 米月台、10 级踏步，为藏式佛教建筑。台基面阔 29.02 米，进深 28.4 米，台基面积 824.17 平方米。建筑一层面阔七间，进深七间，正面突出五间为前廊；二层建筑平面呈 “回形”。南为五开间的歇山顶建筑，东、西、北为十七开间的庑殿顶建筑，四面相通相连。中间为面阔三间，进深二间的天井，并留有间宽的 “回” 形空间。天井内设回廊，木制栏杆，三面壁画，南面为墙。外墙三面，下碱为青砖丝缝，上身土红色罩面；三层乃大殿最高层，面阔三间，进深三间，周围廊，长宽尺寸同天井。单檐歇山顶，外檐施三踩斗栱，南面金里装修，六抹隔扇门，余三面用木板封护。大殿总建筑面积 855.1 平方米。

藏经阁：始建于清乾隆三年（1738 年）。位于惠宁寺的中轴线上，大殿的后面，是该寺的主要建筑之一。藏经阁是寺内藏经和学习密宗经典的地方，故也称之为 “密宗殿”，在当地俗称为 “四方殿”。单檐庑殿顶建筑，外檐施三踩斗栱，面阔七间，进深二间，周围廊。建筑面积 314.75 平方米。

惠宁寺大殿早期照片

舍利殿：又称"七间殿"，因位于惠宁寺的最后端，亦称"后殿"。始建于乾隆四十九年（1784 年）。硬山式建筑，面阔七间，进深三间，前带外廊，后内廊，建于 0.95 米高的台基上。建筑面积 292.78 平方米。

角门：共两座，分别位于惠宁寺山门的两侧，建筑形式、建筑风格和尺寸完全一致。小式硬山式建筑，棋盘式清水脊，面阔一间，进深一间。建筑面积 12.06 平方米。

钟（鼓）楼：位于惠宁寺山门后、天王殿前的两侧，东为钟楼，西为鼓楼。两楼大小、形制、构造、作法等基本相同。重檐歇山顶，楼阁式建筑。一二层平面下大上小，均为正方形，面阔、进深均为三间，周围廊。每座建筑面积 95.7 平方米。

东、西配房：俗称东西更房，位于天王殿的两侧，亦即一进院的东西配殿。大木小式建筑，面阔三间，进深二间，前带廊。建筑面积 74 平方米。

月亮门：共两座，分别位于天王殿的东西两侧。其建筑形式、建筑风格和尺寸完全一致，均为小式建筑，全部用砖、石、瓦等砌筑而成，正脊为清水脊"蝎子尾"。门东西总长 2.96 米，南北部宽 0.57 米。

药王殿、书写殿：位于天王殿的北面，东西对峙。两殿建筑形式、体量基本一致，只是装饰略有不同，皆为硬山式建筑。面阔五间，进深三间，前外廊，后内廊。明、次间置六抹隔扇，每间四扇，稍间置四抹槛窗，每间四扇。每座建筑面积 204.77 平方米。

武王殿、五佛殿：位于大殿的东西两侧，东西对称。两殿建筑形式、体量基本相同，均为硬山式建筑。面阔五间，进深三间，前外廊，后内廊。明、次间置六抹隔扇，每间四扇，稍间置四抹槛窗，每间四扇。建筑面积 204.77 平方米。

东配殿：位于五佛殿的北侧，建造年代与藏经阁同期（1738 年）。建筑为硬山式，面阔三间，进深三间，前外廊，后内廊。外檐施三踩斗栱，除柱头科外，每间平身科两朵。斗栱的式样、尺度为辽西地区所常见。装修为金里装修，明间六抹隔扇门四扇，次间四抹槛窗四扇，其上均置走马板。建筑面积 123 平方米。

关公殿：位于七间殿的西侧。为硬山式建筑，面阔三间，进深三间（其进深为后期改动，原为前外廊，后内廊）。明间置六抹隔扇四扇，次间置四抹槛窗四扇。台基高 0.8 米，均用棉石砌筑，建筑面积 140.27 平方米。

弥勒殿：位于七间殿的东侧。为硬山式建筑，面阔三间，进深三间（其进深为后期改动，原为前外廊，后内廊）。明间置六抹槛窗四扇，次间置四抹隔扇四扇。台基东西长 12.03 米，南北长 11.66 米，台基高 0.8 米，均用棉石砌筑，建筑面积 140.27 平方米。

2. 惠宁寺附属建筑

师佛仓：

师佛仓位于惠宁寺院墙外东侧，仅一墙之隔，是惠宁寺的附属建筑，由山门、大殿和东、西配殿组成。现山门已无存，仅存大殿和东、西配殿。

大殿：坐北朝南，为单檐硬山建筑。面阔五间，进深三间，前有月台，月台略小于并低于台基 10 厘米，均由棉石砌筑，青砖铺墁。在明次间置十二扇胡椒眼心屉、福字裙板的六抹隔扇，稍间置八扇胡椒眼心屉的四抹槛窗。建筑面积 219.84 平方米；月台面积 60.61 平方米。

东、西配殿：两座配殿东西对峙，其建筑风格、形式、体量基本一致，面阔三间，进深三间，前外廊，后内廊。明间置六抹隔扇门四扇，次间置三抹槛窗八扇。每座建筑面积 79.06 平方米。

东师佛仓山门：

东师佛仓与惠宁寺毗邻，坐落于惠宁寺外仅一墙之隔的东北侧。是惠宁寺重要的附属建筑之一。亦是寺院平时做佛事和活佛食宿的地方。东师佛仓山门，在建筑风格上是具有浓郁的藏、蒙、汉、佛教相结合特色的小式建筑，是东师佛仓的入口，位于东师佛仓的中轴线上。面阔三间，进深一间。在明间的前侧辟棋盘门，后侧辟隔扇。在两次间的南侧（即正立面），设置由石板、条石组合砌筑的假窗洞。在其后檐墙（即背立面）设置槛窗。建筑面积 47.95 平方米。

3. 惠宁寺现存重要的附属文物

（1）古树名木：院内现存柏树 18 株，树高达十余米。

（2）铁钟：钟楼现悬挂的大钟为道光六年（1826 年）九月，由下府汉人铁匠邵君显的儿子铸造。邵君显也曾铸钟一口，现陈放在天王殿台明西南侧，由于做工欠细，声响未达到设计效果，后由其子重新调整配方重铸一口悬挂于钟楼上，铁钟约重三吨。

（3）碑碣：大雄宝殿后，四方殿前现存石碑两通，其中东面石碑用蒙古文记载了惠宁寺的建设及修缮历史；西边的石碑为"无字碑"。

（4）石狮：惠宁寺山门前，现存石狮一对，狮高近两米，重量约五吨，嘉庆八年（1803 年）雕刻而成。

（5）石佛龛：原位于西角门内大树下，由棉石雕凿而成。外观形式为单檐歇山顶，屋面吻兽及瓦垄均雕刻细腻，正面辟门，内部置佛像。

（6）其他：殿内陈设的佛像及法器等。

（二）工程范围与内容

本工程包括临时房屋及仓库，临时水、电、通讯设施及临时交通道路等；惠宁寺迁建工程：包括山门、角门、钟（鼓）楼、东（西）更房、天王殿、书写殿、五佛殿、五王殿、药王殿、大殿、藏经阁、关公殿、舍利殿、弥勒殿、配殿、围墙、边门、排水消防、甬路及散水、师佛仓正殿、师佛仓东西配殿、东师佛仓山门、石碑石狮、伊湛那希井。

表三　惠宁寺基本数据指标一览表

项目名称	建筑名称	建筑面积（m²）	占地面积（m²）	备注
惠宁寺	小计	3448.67	12000.00	
	山门	102.56		
	东角门	12.06		
	西角门	12.06		
	钟楼	95.70		
	鼓楼	95.70		
	东更房	74.00		以台基边线长宽计建筑面积
	西更房	74.00		（同上）
	东月亮门	12.06		（同上）
	西月亮门	12.06		（同上）
	天王殿	136.61		（同上）
	大雄宝殿	855.10		（同上）
	书写殿	204.77		（同上）

项目名称	建筑名称	建筑面积（m²）	占地面积（m²）	备注
惠宁寺	武王殿	204.77		（同上）
	药王殿	204.77		（同上）
	五佛殿	204.77		（同上）
	藏经阁	314.75		（同上）
	东配殿	123.00		（同上）
	舍利殿	292.78		（同上）
	关公殿	140.27		（同上）
	弥勒殿	140.27		（同上）
	碑			
	狮			
师佛仓	小计	486.52	1636.80	
	山门	47.95		
	东配殿	79.06		以墙外皮轮廓长宽计建筑面积
	西配殿	79.06		（同上）
	师佛仓正殿	280.45		
合计		3935.19	13636.80	

四　迁建保护的目的和意义

（一）迁建保护的目的

保护和延续惠宁寺整体的文化价值和历史价值。进一步加强藏传佛教文化遗产的保护和管理。

（二）迁建保护的意义

1. 实施迁建保护维修将有利于其整体文化价值的充分体现。
2. 实施迁建保护将有利于其综合价值的实现。

维修篇

一 惠宁寺迁建保护工程总结

（一）惠宁寺迁建工程保护方案设计概述

白石水库位于大凌河中游，是辽宁省文物古迹分布最密集的地区，为了做好淹没区文物古迹的保护工作，1992年7月，在白石水库可研阶段，辽宁省文物考古研究所对白石水库淹没区的地上、地下文物古迹进行了一次全面调查，发现地上古建筑和历史纪念建筑4处（其中惠宁寺为省级文物保护单位，尹湛纳希井为市级文物保护单位），地下古遗址、古墓葬46处。同年10月，我们根据调查结果，完成了《白石水库淹没区文物古迹调查报告书》，提出了初步的工作计划和经费概算。

1995年3～6月，辽宁省文物考古研究所根据辽文办字〔1995〕138号文件《关于委托省文物考古研究所承担惠宁寺测绘、设计工作的函》，对白石水库淹没区内的地上古建筑和历史纪念建筑物进行了勘察、测绘，同时邀请了国家文物局和省内有关文物保护、考古、园林等方面专家进行指导和初步论证，在此基础上编制了《白石水库淹没区文物保护工程初步设计》。该方案为易地搬迁保护方案。

同时，由省水利水电勘测设计院设计的原地保护方案也已完成。

1995年7月14日，在辽宁省博物馆会议室，省政府、省文化厅、省博物馆、省文物考古研究所等相关单位的领导和专家就惠宁寺两套保护方案的利与弊进行了论证，综合各位专家意见如下：

1. 原地保护方案

方案的优点是在原地用护堤将古建筑保护起来，保全了古代建筑的原貌。

方案的缺陷之一，是难以确保古建筑的绝对安全。惠宁寺建在第四纪松散沉积物上，海拔116米，水库建成后蓄水水位是127米，控制水位是128米，即蓄水后惠宁寺位于水面下12米。因此在水库废弃前堤坝必须绝对安全，即使质量没有问题，如遇地震、特大洪水等自然灾害，也可能使古建筑遭受灭顶之灾。

方案的缺陷之二，采用原地保护方案还会给惠宁寺的保护工作遗留下许多具体问题。比如惠宁寺内生长的45株古松、柏树，均适宜在半干旱气候条件下生长，水库蓄水后地下水位上升，势必影响古树生长，甚至造成死亡。

方案的缺陷之三，惠宁寺现存的主体建筑均为木构，惠宁寺主体建筑内壁现存有精美的壁画，水库蓄水后空气湿度的增加，对古建筑结构和壁画的保护带来更大的压力，导致保护经费增大且不可预测。

方案的缺陷之四，目前水电部门设计的原地保护方案，护堤距离古建筑只有 20 米，大大低于省政府公布的惠宁寺保护范围和建设控制地带为 110 米的界限。在距离如此近的地方修筑护堤，像个筒子似的将古建筑围起来，蓄水后水面距古建筑仅几十米，带来的后果是严重的，仅仅为了省钱而改变保护范围和建设控制地带的作法是不可取的。

方案的缺陷之五，在淹没区范围内，除惠宁寺外，尹湛纳希井（市级文物保护单位）、大板娘娘庙和清心寺虽未列入省级文物保护单位，但它们同为清代建筑，具有较重要的价值，应同惠宁寺一样受到保护。目前水电部门提出的原地保护方案未将上述三处古建筑考虑在内，这样做不符合有关文物保护规定。

2. 易地搬迁保护方案

所谓易地，是指在充分考虑当地政府、民族宗教部门的要求，新址选在当地区域范围内（经考察一是下府中学后山、一是中心府后山）。

同"原址保护方案"相比，"易地迁建"保护方案具有较多的优势。

优势之一，易地搬迁保护在技术上是可行的。20 世纪 50 年代修三门峡水库时，就曾对处于淹没区的永乐宫采取了整体迁建的保护方式。辽宁省在这方面也有成功的经验，在维修全国重点文物保护单位盖县上帝庙时就是将其落架后在原地重建，而且重建后很好地保持原貌。

优势之二，采用易地搬迁保护方案可以克服原地保护方案造成的种种弊端，易地迁建后可基本确保惠宁寺在今后一百年内不需要大规模维修。

优势之三，对易地迁建保护方案来说，最大的问题是古树的移植。根据惠宁寺院内古树的树龄、株距、土壤情况等条件分析，移植是可能的，其成活率可达到 60% 甚至更高。

3. 保护方案初步论证结果

对"原地保护方案"和"易地迁建保护方案"进行了充分的分析与专家认证，与会者普遍认为采用"易地迁建保护方案"对惠宁寺整体的保护更有效更持续；同时与会者也认为，为了确定一个最佳的保护方案，建议能在较大范围内，邀请建筑、规划、水利、水文、气象、园林、文物、宗教等部门的专家学者及领导进行更为广泛的论证。

4. 保护方案的确定

1995 年 12 月，由辽宁省计委主持，邀请了国家文物局、北京故宫博物院、社科院考古研究所、天津大学、沈阳市园林设计院、省水利水电勘测设计院等有关文物、水利、园林方面的专家对初步设计方案进行了审查，原则上通过了由辽宁省文物考古研究所提出的文物保护工作方案。审查会后又根据会议的精神对初步设计方案进行了适当补充和修改，提交了《白石水库文物保护方案补充报告》。

1996 年 3 月，辽宁省文物考古研究所与辽宁省水资源总公司联合组织园林、林业等方面专家赴北票考察惠宁寺及师佛仓、东师佛仓院内古树，经过论证多数专家认为除个别古松外，其余古柏移栽是可行的，主张移栽古树。

1996年5月，在辽宁省文化厅与水利厅就采取易地拆迁重建方式保护惠宁寺的问题上达成了共识，辽宁省文物考古研究所立即组织全省的古建筑技术人员对惠宁寺等古建筑群进行了详细的勘察和测绘。根据勘察结果制定了每座建筑的迁建保护方案。同时也完成了新址的选定与现场的"三通一平"工作。

1998年，根据第143次省长办公会议的决定，辽宁省计委以辽计发〔1998〕238号文批复白石水库库区文物保护工程投资2235万元。

2000年6月，辽宁省文物考古研究所与水资源总公司签定了《白石水库库区文物保护投资包干协议书》。

2000年10月，辽宁省文物考古研究所委托河北省古代建筑保护研究所完成了惠宁寺补充勘察与测绘，同时完成了投标标底及标书的技术条款的编制工作。

2001年1月，为了保证惠宁寺迁建保护工作顺利进行，辽宁省文化厅成立了"惠宁寺搬迁工作领导小组"。

2001年2月，辽宁省考古所委托辽宁省水利土木工程咨询公司组织了惠宁寺迁建工程的招投标工作，沈阳市敦煌古代建筑工程公司、大连市古建筑园林工程公司、锦州市古建筑工程处、营口市古建筑工程公司四家单位参与投标；评标小组由水利厅、文化厅的有关领导和中国文物研究所、河北省古代建筑保护研究所的古建筑专家组成。经评标小组评审，沈阳市敦煌古代建筑工程公司中标，考虑到工期，将大殿和石佛仓正殿工程交给大连市古建筑园林工程公司施工。同时委托河北省古代建筑保护研究所和河北省平泉方圆建设工程监理有限公司对本工程实施监理。

2002年4月1日，惠宁寺迁建保护工程正式开工。

（二）惠宁寺勘察报告

1. 历史沿革

惠宁寺位于辽宁省北票市下府。清初，土默特右翼旗署建于此。此地北据官山，南映大凌河，左临牤牛河，右环凉水河。

惠宁寺始建于乾隆三年（1738年）。据寺内道光二年的蒙文碑载"乾隆三年（1738年）修建四方殿，东西两侧庙里塑佛禄"，"乾隆十五年（1750年）修大殿及东西两侧各三间和二门三间"，"乾隆二十一年（1756年）皇帝钦定庙名为惠宁寺"，"乾隆四十八年（1783年）修西侧五间殿供奉五皇佛"，"乾隆六十年（1795年）维修大殿扩建东侧殿为五间，把破旧的七间楼重新修成舍利殿，西侧修成三间关帝庙"。从碑文记载分析，惠宁寺在乾隆年间就已形成了现在的规模。

1988年，惠宁寺被辽宁省人民政府公布为辽宁省重点文物保护单位。1993年省政府8号文件对惠宁寺的保护范围和建设控制地带作了具体规定，惠宁寺围墙外10米为保护范围，保护范围外100米为建设控制地带。

表四　寺史沿革重要佐证材料一览表

序号	名称	年代	现存位置	备注
1	碑	道光二年 （1822年）	大雄宝殿后，藏经阁前	
2	大钟	道光六年 （1826年）	天王殿前西侧	

2. 历史维修情况

（1）光绪二年（1876年）正月初四夜晚，大雄宝殿不幸燃起了大火，烧了整整一天一夜，将大殿烧尽。光绪八年（1882年）动工重修大殿，耗资白银约十万两。

（2）1948年对武王殿墙体及木门窗进行了局部修缮。

（3）1984年政府拨专款，重新制作了大殿门两侧的"金龙盘玉柱"和门楣之"九龙罩"。

3. 惠宁寺建筑现状勘察

（1）山门

惠宁寺的山门位于惠宁寺的最前部，是惠宁寺的主入口，为单檐歇山式建筑。面阔三间，进深山面显二间。明、次间的前后均辟拱券式大门。下面对其台基、墙体、梁架屋面等四个部分进行了勘察：

① 台基

惠宁寺山门的前面建有一"凸"字形有月台，用踏垛升降。月台前部的左右处各置高大的石狮子。月台的立面、侧面、台面、踏垛均用棉石砌筑和铺墁。从立面上看石材分为压面石、陡板石和卧石三种砌法。台面石亦分为三种方法铺墁：一为阶条石（从立面看即为压面石），顺着台沿铺设；二为甬路石，按其明间的门洞尺寸，顺着中轴线铺设；三为海墁石，横着铺设。踏垛亦用踏垛石、垂带石、象眼石三种方法砌筑。

山门的台基自成一体，高出月台一步，亦全部用棉石砌筑，分为阶条石，前后门前的拜石和海墁石三种砌法。后门设一步三间门洞宽的踏垛，以此升降。山门的月台条石全部松动；超过三分之二台面甬路石、海墁石已缺失；二分之一的阶条石、陡板石有风化腐蚀断裂现象。

山门台基条石，室内地面石残破状况同月台，室内地面石全部破损，阶条石等亦部分风化腐蚀、折裂。

② 墙体

山门的殿身正面及背面各间辟券洞门，券洞的面用石材装饰。正立面的券面洞门楣浮雕为二龙戏珠。侧脚浮雕为博古花瓶、蔓草花纹；背立面的拱券石则未做雕饰。下肩墙亦用石材构筑；正立面的压面石及角柱石上亦分别雕有花草纹饰，两侧面及背面亦未作雕饰。两侧面压面石下由青砖砌筑，上身墙体为签尖式，背里应为青砖。外部墙体白灰砂浆抹面，殿内末涂色，殿外涂深红色。

③ 大木构架及小木作

山门的柱网布局比较简洁。前后檐各用柱四根，两山各用攀山柱（柱不到顶）一根，共用柱子十根。经目测，墙体保存较好，里外墙皮未见大面积风化；外墙砖石除部分条砖有风化和酥碱现象，整体状况较好。

梁架为五架梁，四步架。五架梁上置三架梁，用童柱承托。歇山山面的踩步金梁用抹角梁来承托，抹角梁一头置于山面的攀山柱所承托的檩条上，一头置于前后檐檩上。五架梁上只明间两缝使用。各种檩条均置随檩。老角梁因后尾置于踩步金梁下，基本呈水平置放，因而使仔角梁向上冲起较高。

山门大木构件保存较好。但根据实际工作经验推断，实墙封护的木柱易产生糟朽现象。经探查明间正面西墙缝柱处发现，其柱已有糟朽迹象。椽飞经目测有糟朽现象，望板有的地方已经折裂。

山门的大门唯正面明间有一对门扇，为近期重作，其余大门全无，正面明间用砖堵死；背面各间三对大门全无。现空置。门框，槛料全无。

山门用椽为方椽，分为正椽、正身椽、脑椽等三种类型。木基层为木望板。

山门内置有天花板，天花为平棋式，不知是因为施工用材或宗教的原因，天花的棋盘路大小不一。棋盘板上饰有"六字真言"图案。山门为实踏门。

④ 屋面瓦作

山门屋面为黑色筒板瓦作法，因是歇山顶，共设九条脊。正面为棋盘式，设大吻一对。垂脊亦为棋盘式，略矮于正脊，上端置吞脊兽，下端置垂兽。

戗脊分为兽前与兽后两种作法，兽前戗脊为一混砖式，上置走兽四只；兽后为三砖棋盘式，戗脊置腰兽一只，共四只。博脊两端亦各置兽一对，其他作法同戗脊兽后作法。仔角梁头置套兽各一只，共四只。

两山面设铃铛排山，下置砖博风及"小红山"。

筒板瓦屋面杂草丛生，历次的维修补换使瓦垄捉节夹垄灰酥碱空鼓，捉节松动。各种兽件原件全部缺失，现存兽件均为后来用白灰水泥等材料捏制。正脊、垂脊、戗脊兽后部分的棋盘陡板砖的部位也是后来用白灰水泥混合物塑成的花饰。

（2）天王殿

天王殿位于惠宁寺山门北面的中轴线上，是第一院落主体建筑。

天王殿为单檐歇山式建筑。面阔三间，进深一间，山面显二间。在明间前后均辟券顶大门（现后面门已封堵）。在次间的南侧墙置圆形洞窗共二扇。整个建筑比例匀称，造型庄重而美观。

① 台基

台基为平削式，均由淡色棉石砌筑，分为压面石、角柱石、陡板石、腰线石、土衬石等几部分组合砌筑，用料考究，加工精细。转角部分的好头石做成"┗"形，以便压缝。

在明间部位的南北侧均有踏垛（北面已毁）。踏垛由阶条石、垂带石和砚窝石等部分组成。

台基海墁为条砖铺筑。

该殿的台基保存基本完好，个别有松动鼓闪现象，海墁砖缺失较多。特别是台基北面的垂带踏垛已全部拆毁，同时正面垂带下面不用象眼石，而用青砖砌筑。

② 墙体

通过勘查发现，除南北两面，明间辟券顶大门和次间辟圆形洞窗外，均用实墙封护。券顶用三块拱石拱券而成，正面的拱券正中浮雕座龙；两侧各浮雕一行龙戏珠；其卜雕有海云纹，门柱石上雕有牡丹、莲花等图案。其背面的拱券石为素面。

墙体下碱为条砖砌筑，下碱顶部为一周腰线石，上身逐渐上收，其收分值 2.5%。墙顶部为签尖式作法。上身表面挂尖，并饰以深红色。

墙体保存较好，只是后山墙里皮因拆除大门门框时有所损坏。未见明显风化酥碱现象。

③ 大木构架及小木作

该殿柱网布局：前后檐各用柱四根，两山面用攀山柱各一根，共用柱十根，除四根明柱外，而在墙内的六根柱，均有不同程度的糟朽。

梁架为七架梁，六步架。歇山山面的踩步金梁用抹角梁承托，抹角梁一头置于前后檐檩上，一头置于山面的檩条上。在梁架用料方面，所有的梁、檩都有随梁、随檩枋。

天王殿的椽用方椽。室内为露明造。

经勘查所见，其殿的大木架保存较好，无扭闪和糟朽现象，所有檐柱均在墙内包砌着，其糟朽程度如何，尚不知。梁架所有木构件均绘成木纹图案。

该殿原明间辟通门，现后门已封堵。

木装修的大门已改变原貌。圆窗的窗棂个别已损坏。

④ 屋面瓦作

该殿的殿顶为灰色筒、板瓦。因是歇山顶，共设脊十一条，正脊两端置大吻一对，垂脊上端置吞兽，下端置垂兽，戗脊分为兽前与兽后两种作法。两山面置砖博风及"小红山"。博脊的两端置吞兽，仔角梁头置套兽。

其殿顶的筒、板瓦有不同程度的损坏，导致殿内漏雨，瓦节松动；勾头滴水的纹饰均在三种以上。殿顶的各种吻兽多有损坏，而且有些是后来更换的走兽。

(3) 大雄宝殿

大雄宝殿位于惠宁寺的中心处，是寺内的主要建筑。据大殿东侧道光二年（1822年）的蒙古碑记载："大殿始建于乾隆十五年（1750年）"。后毁于光绪二年（1876年）正月初四晚上一场大火。于光绪八年（1882年）动工重修。现在的大殿，应是光绪八年的建筑，距今120余年。

大雄宝殿高三层，建在高1.5米的石制台基上，前有六米月台、十级踏步。台基面宽29.1米，进深28.4米。大殿一层面阔七间，明间3.2米，余2.88米。进深七间，均为2.88米。在使用功能上，分前廊、经堂、佛殿三部分。正面五间设前廊，廊深一间。南面明、次间设大门，稍间设墙，尽间后退设盲窗。大殿柱网布局为"都纲"式纵横成网。内柱方形34厘米×34厘米，檐柱方形48厘米×48厘米，础石随柱形略大。大方柱上采用雀替式大斗、承托须弥座式的大额枋。外额枋上置檐椽、尺椽。内额枋上置密梁平顶构架，上铺楼板、下施天花。一层举高深4.28米。经堂柱网中部设天井，阔三间，两根内柱42厘米×42厘米，直达二层楼顶。一层北部为佛龛，供奉三世佛；西南角设楼梯上二层。

一层殿内色彩浓重。柱头雕饰云纹、莲座。大斗、大托木隐刻卷云、蝙蝠、如鸟翼展开。额枋边刻莲珠、莲台，枋中有彩绘。箍头为牡丹，枋心为藏文六字真言。翼角设大小角梁，置套兽、风铎。大殿一层墙体厚1米，既是围护结构，又起承重作用。下碱石条砌筑、上身青砖淌白墙。

二层建筑平面呈"回"形。南为五开间的歇山顶建筑；东、西、北为十七开间的庑殿顶建筑，四面相通相连；中为三开间的天井，并留有间宽的"回"形空间。

南面五间，单檐歇山顶，七檩抬梁式大木结构，明间面阔3.2米，次稍间2.88米，进深二间，每间2.88米。中三间随檐柱加栏杆、倒挂楣子。七架梁下置中柱，用抹角梁法出山面，稍间结构与两厢木架相连。布瓦顶，施吻兽，正脊有须弥座五个，上设法器。装修为五抹隔扇门，底连单抹。稍间外墙采用荆条砌筑。东、西、北三面十七间，单檐庑殿顶，五檩抬梁式结构，面阔进深除北面中间略大外，大木转角45度施放。椽子交错排列，外墙辟小窗，用油炸过的荆条砌墙，外额枋上阳刻宝镜，里面施五抹隔扇门，底边单抹，四抹隔扇窗。面阔三间，明间 3.2 米，次间 2.88 米。进深二间，每间 2.88 米，室内高 3.7 米，构架形式同一层。天井乃一层与三层间的过渡部分，内设回廊，木制栏杆，三面壁画，南面为窗，外墙三面，下碱为青砖丝缝，上身土红色罩面。

三层为大殿最高层，面阔三间，进深三间，带周围廊长宽尺寸同天井。单檐歇山顶，七檩抬梁式结构，五架前后各出一步架，步架相等，周围廊。附檐柱设置栏杆。倒挂楣子，柱头联以额枋，上置平板枋，上置三踩斗栱，收山用抹角梁法，举高 4.5 米。南面金里装修，六抹隔扇门，余三面用木板封护。

大殿虽经百年，台基、月台、墙体、大木结构基本完好，未发现有下沉、歪闪折断、坍落现象。只是裸露在外的木构件、木装修油饰脱落，木纹干裂，椽飞少量腐朽，望板大量糟朽。壁画和彩绘退色、脱落达 30%。一层楼板及天花受漏雨影响，局部糟朽；北部佛龛、佛像，尽毁于"文革"。二层台面几次水泥勾抹，高低不一，且有接缝漏雨；排水明沟小，应付不了大到暴雨。殿顶残破严重；吻兽件残缺，瓦面松动，筒瓦破损达 50%，板瓦达 30%，勾头、滴水达 60%；殿顶法器不存，三层木梯腐朽。

（4）藏经阁

藏经阁始建于清乾隆三年（1738 年），位于惠宁寺中轴线上、大殿后面，是该寺的主要建筑之一。藏经阁是寺内藏经和学习密宗经典的地方，故也称之为"密宗殿"，当地称之为"四方殿"。

该殿为单檐庑殿顶建筑，面阔五间，进深二间，山面显三间。

① 台基及月台

该殿建在由一层阶条石围砌的台基上，散水为青砖铺墁。其殿的台基保存较好，部分墁地青砖风化、碎裂。

② 墙体

该殿的东、西、北三面均为砖墙封砌。下肩墙以上墙体开始有收分，墙体内侧的东、西两面绘有佛祖释迦牟尼从出生到圆寂的六十八幅壁画；在殿内的北侧墙面绘有两幅画像，一幅是"毕钵罗树"（即菩提树），一幅是惠宁寺的修建者"哈贝子"。

墙体基本完好，东墙有裂缝。

稍间的槛墙为后期砌筑。

③ 大木作

该殿的大木架为九檩五柱式，后上金檩，下施通柱，承插前五架梁，后双步梁，四周出廊步，以麻叶单步梁及穿插枋与金柱相接，外檐施三踩斗栱。山面结构采用顺梁及递角梁，上施瓜柱；单步梁逐级退步与次间太平梁上所承脊檩形成 45 度角；各角梁沿 45 度角施放形成庑殿木架。各柱均向内有侧角。

该殿的木架保存较好，少数构件有些裂痕、弯曲。墙内柱有槽朽现象，椽、飞槽朽达二分之一以上。

④ 外装修

明、次间各开四门，稍间开二门，匀为六抹头隔扇门，龟背锦心屉。

装修部分均为后期补配的。

⑤ 瓦作

藏经阁屋面的筒板瓦作法，四坡背为筒瓦坐中，正脊两端微微起翘，正中有一塔座，塔座两侧的正脊的正面上有行龙砖雕，背面有卷草砖雕。垂脊也有卷草雕饰。

该殿瓦顶破碎较严重，瓦面凸凹不平，瓦节松动，部分瓦件碎裂、缺损、吻兽有轻微损坏。

⑥ 壁画

表五　壁画的残损情况

画面编号	残损部位	残损原因	残损程度
西 1 号	上部起至 20 厘米处	起甲脱落	达 50%
	下部起至 50 厘米处	人为掏洞	50 厘米×30 厘米
西 2 号	中部	酥碱脱落	60 厘米×70 厘米（无画面）
	下部起至 50 厘米处	人为掏洞	75 厘米×90 厘米
西 3 号	下部	起甲脱落	80 厘米×90 厘米
西 4 号	整体	脱落	近 50%
	下部	人为掏洞	约 30 厘米×40 厘米
西 5 号	整体	起甲脱落	近 40%；另有裂缝一道
西 6 号	下部	起甲脱落	达 50%
东 1 号	下部	脱落	局部
东 2 号	上部	脱落	1000 厘米×300 厘米
	下部	脱落	45%
东 3 号	墙体裂缝一道		2～3 厘米
	上部	空鼓、酥碱	画面脱落 85%
东 4 号	上部		空鼓
	下部起至 50 厘米处	人为掏洞	脱落 40%
东 5、6 号	下部	脱落	40%

画面编号	残损部位	残损原因	残损程度
北 1 号	下部起至 50 厘米处	酥碱、人为掏洞	脱落 40％
北 2 号	中部、下部	人为破损	30％
北 3 号	上部，画面	酥碱严重	破损 45％
北 4 号	下部	酥碱	破损 20％

（5）舍利殿

又称"七间殿"，因位于惠宁寺中轴线最后端，亦称"后殿"。始建于乾隆四十九年（1784 年）。

该殿为硬山式建筑，面阔七间为 22.4 米，各间均为 3.2 米；进深一间，山面显二间，为 11.95 米；带前外廊，进深为 2.4 米，后内廊。

该殿建在 0.95 米高的台基上，其正脊高为 8.25 米，在正脊当中设佛塔一座；飞椽处高为 4 米，明、次间置六抹隔扇门，每间四扇，共十二扇；稍、尽间置四抹隔扇窗，每间四扇，共计十六扇；上置走马板。

① 台基及地面

台基为平削式的淡棉石砌筑，呈"凵"形，分别由压面石、角柱石、陡板石、土衬石等几部分而成，做工与用料尚可。在四个转角处好头石做成"凵"形，以便压缝。

东侧山墙的靠北边，压面石和陡板石各缺失一块；西侧山墙的靠南处掉在附近一块压面石，在迁建时可归安；好头石劈裂二块；在台基的前南侧的土衬石，砚窝石，因后期用水泥墁地面及甬路，尚看不见；南面踏跺保存完整。

台基及殿内地面应为青砖铺墁，而现状为：台基方砖几乎全部损坏；殿内地面为水泥地面。

② 大木构架及小木作

该殿的梁架为七檩抬梁式，五架梁前后各加一步架。抬梁的断面近似方形，共用圆柱 34 根（现为 38 根，共中 4 根为后期补强）。

在檐柱上，使用麻叶抱头梁，两柱之间设置一头带麻叶头的穿插枋，综上均延袭了清早期作法。其柱础石为覆盆式。

梁架保存较好，呈轻微糟朽现象，而后檐柱和两山柱均在墙内包砌，因未落架，糟朽程度如何，尚不知。前檐柱有根劈裂缝约 80 厘米长，余者及檩梁的表面亦有不同程度的劈裂与风化。

穿插枋、抱头梁保存较好，雀替尚可，但其云墩有四只劈裂。

斜方格式的门窗和走马板保存较好。

椽为方椽，其分为正椽、正身椽、脑椽；木基层为望板。椽、飞残损15%，望板残损20%。

③ 墙体

槛墙水泥抹面，立柱石后期改为砼。

因雨水浸蚀、风化的作用，墙体歪闪四处。

④ 殿顶瓦作

殿顶为灰色筒、板瓦，单檐硬山顶共设脊五条，正脊为棋盘式，在其中间置佛塔一座，两端置大吻一对；垂脊略矮，在垂脊的上端各置吞兽，中端各置腰兽，下端各置四只跑兽；两山设铃铛排山，下各置砖博缝。

吻、兽为后期由白灰水泥“堆塑”而制。殿顶因年久风雨的浸蚀，残损程度较大。筒、板坏损为40%；勾、滴为40%；博缝方砖缺失五块。

(6) 角门

西角门已毁于“文革”期间，东角门为小硬山式建筑，棋盘式清水脊，其分心槽为平面布置，梁架为三架梁式。面阔一间为3.08米，四条垂脊由“靴头”和“陡板”条砖砌筑；进深一间，为2.74米；台基的长为3.84米，宽为3.14米，高为0.15米。

门为“棋盘式”板门，筒、板瓦屋面，“盘头”由砖、石雕堆塑的戗檐等构成。山墙没有角柱石、腰线石、挑檐石。在四处博风头和山墙的山尖处的作中均饰有砖雕。

外墙的下碱和部分上身为白灰罩面，余者为青砖“丝缝”。

内侧墙的四处“腮帮”为抹灰镂面；前后樨头为“磨砖对缝”；廊心墙下碱为青砖丝缝，上身为糙砌抹灰；墙顶部为签尖式作法。

墙体有歪闪、脱落和酥碱现象；门需重新制安；台明已下沉无存；墀头和廊心墙局部酥碱。白灰罩面处的灰皮脱落、空鼓。

东角门的整体构架和檐垫板等保存较好，但尚有轻微歪闪。嵌入墙内的柱子，糟朽较严重。檐椽、飞椽糟朽达40%。望板糟朽60%。门簪四组保存较好。柱础为“覆盆式”，梁头与门簪等存有彩画痕迹。

筒板瓦屋面，漏雨严重，筒板瓦破碎50%；勾头、滴水破碎30%。

(7) 钟（鼓）楼

钟鼓楼位于惠宁寺山门内的两侧，东为钟楼，西为鼓楼。钟（鼓）楼大小，形制、构造、作法等基本相同。钟楼比鼓楼多一悬挂铁钟的大梁，而使钟楼梁架有所变化：

钟（鼓）楼为大式大木结构，重檐歇山顶，楼阁式建筑。一二层平面虽下大上小，但均为正方形，因设置周围廊，面阔与进深均为一间。

① 台基

台基石、阶沿石、角柱石、踏垛石、垂带石、拜石等已出现不同程度的风化。地面方砖已全部风化、碎裂，台侧条砖亦有三分之一风化。

② 大木构架及小木作

大木构架作法简洁，保存基本完整。

小木作装修较为齐全。在一层檐柱间置夔龙卷草雀替；正面辟门，为券拱式，槛框门枕一应俱全，门为两扇板门式；楼内北面置扶梯一座，为南北走向，扶梯设双面扶手。

二层檐的外檐柱间设连柱式挂落，明间为四柱三组，次间为两柱一组。内檐柱间设装修封闭楼身，隔扇仅存有下槛，从柱上榫卯推断，应有隔扇、上槛、中槛和走马板。其隔扇在院内发现一扇，虽不是原物，但其作法应与传统作法一致，为六抹隔扇。

二层地板用木材制作，在内檐柱上，设有地笼骨，龙骨上纵向设木骨，以此承托地板。

大木构架的整体保持的较为完好。其柱、梁、穿插枋、檩条、随檩、斗栱、雀替等构件尚存完好，柱、檩等虽有自然开裂的现象，但不影响构架的安全承载。其下檐椽保存较好，仅局部有槽朽现象；上檐椽，亦如此。其木基层的上、下檐均出现腐朽现象，故望板需全部更换。钟楼的上檐廊柱间的木枋全部缺失；装修槛框全部缺失。

装修残损较重，地板全部朽化，起翘开裂。装修隔扇全部无存。扶梯亦已残破。扶手望柱等已全部变形。

③ 瓦作及墙身

屋面瓦作为黑色筒板瓦作法。一层檐设有围脊、垂脊。围脊各角置合角兽。垂脊置腰兽一只，走兽四只。四只垂脊共计腰兽四只，走兽十六只（在迁建时，走兽应置单数共二十只）。

上檐：为歇山式，共计九条脊。正脊一条，为棋盘式，两端各置一吻，垂脊四条，置吞兽四只、垂兽四只。戗脊四条，分兽前与兽后两种作法，兽前戗脊为一混砖式，上置走兽四只，计十六只；兽后为三砖棋盘式，戗脊置腰兽四只。博脊两条，与戗脊兽后作法相同且与之相交。

上下檐翼角置套兽八只。

两山面为铃铛排山，置砖博缝及"小红山"。

楼身墙体砌筑粗糙，抹灰部分脱落。上、下檐层面残破不堪，有三分之一的瓦需要更换；所有的脊均出现开裂现象，且有的材料在以往修补中更换代替，部分兽件为后期修补。

（8）**东西配房**

东西配房即俗称东西更房，位于天王殿的东西两侧。东西配房为大木小式建筑。面阔三间，进深一间，山面显二间，带前廊式。

① 台基

台基前部为条石砌筑，台基内侧为毛石砌筑。

两栋更房的台基简陋，用材简单，今已松动，个别石块位移。

② 墙体

两山墙墀头部位下用角柱石、腰线石，上用挑檐石，余部均用条砖砌筑。后檐墙为封护檐，在南侧山墙中部辟一扇券顶小窗。

该房墙体的两山墙保护较好，后檐墙有鼓闪现象和维修痕迹。

③ 大木构架及小木作

配房的柱网排列：前后檐柱各四根，前金柱四根，共十二根。梁架为六架梁式，带六步架，结构较特殊，六架梁仅到前檐步，而前檐部仅用抱头梁插入金柱上部的六架梁头上，而不用五架梁。抱头梁一头由六架梁上的童柱承托，另一端插入承托三架梁的童柱内。

梁架结构之抱头梁与六梁连接的梁头上则出现了拨榫现象。

外装修为后期添加，已改变原貌。

④ 屋面瓦作

两配房除在房顶面的两端瓦三垄筒瓦，其余均采用干槎瓦。屋脊为清水脊。

现今的屋面已长满蒿草，瓦件与屋脊有不同程度的损坏。

（9）**月亮门**

月亮门二座分别置于惠宁寺天王殿的东西侧。两座月亮门均为小式建筑，全部用石、砖、瓦等砌筑而成。该门总长为 2.96 米，宽为 0.57 米。其正脊为清水脊，"蝎子尾"立于正脊两端。

半圆形素面的石券，石券分别由过河撞券、龙口、券脸、撞券和角柱石砌筑构成。地面为 4 厘米厚的土衬石。砖檐做成三层的"鸡嗉檐"，门的屋面为筒板瓦，筒板瓦保存较好，但尚有 10% 应更新。

墙体砖保存较好。门石券保存完整。土衬石有裂缝。

（10）**药王、书写殿**

药王、书写殿，位于天王殿北面。两殿东西对峙，形式体量基本一致，皆为硬山式建筑，只是装饰略有不同。台基长 18.84 米，宽 10.78 米，高 0.77 米。面阔五间，进深一间，山面显两间；带前外廊、后内廊；明间面宽为 3.48 米；明、次间置六抹头隔扇门，每间四扇；稍间置四抹头隔扇窗，每间四扇。七檩抬梁式，五梁梁前后各加一步架，覆盆式柱础。檐檩、老檐檩均饰旋子彩画，走马板饰人物彩画。梁步架与廊步尺度不等，举折较大。墙体的下碱为角柱石，上有压腰石。墙体的前墀头为干摆砖。山墙砌法为三顺一丁，上置挑檐石，中有腰线石；在山墙的正中有一棱形的砖雕。内墙的下碱为清水墙，上垒碎石白灰罩面。地面用 30 厘米×30 厘米×5 厘米的方砖铺墁。屋面檐步处施用望板，向里施用望砖。顶上覆筒瓦、板瓦。

① 台基

药王殿的台明保存较好，只有少量的陡板风化。铺地方砖已不存，现用水泥抹面。书写殿的台明在北、后侧的阶条石、陡板石、殿内、外铺地方砖皆不存；踏跺保存较好。

② 墙体

两殿的墙体均系青砖砌筑，现保存完好，唯有药王殿的博风砖残缺四分之一，而现用水泥抹制。

③ 大木构架及小木作

梁架保存较好，有些构件松动，望砖损坏约五分之一；其檩条亦少许腐烂。檐柱的表面糟朽，墙内柱子的根部全部腐烂。

隔扇现为后期改制的，其现状保持完好，裙板的雕制图案各异；次间的裙板尚未雕图案。

④ 屋面瓦作

药王殿吻兽全部残破，跑兽皆无；瓦件损坏 30％；檐椽、飞椽糟朽 50％；檐步望板全腐烂，望砖损坏三分之一；勾头、滴水保存较好，但大多数用白灰涂抹过。书写殿大吻、腰兽基本上保持原貌，亦有被白灰涂抹过的痕迹；跑兽均不存在；瓦件损坏达 40％；檐椽、飞椽糟朽 50％；望板全部糟朽；勾头、滴水保存较好。

(11) 武王、五佛殿

武王、五佛殿座落在大殿的东西两侧，其形式、体量、规格大致相同，均为硬山式建筑。台基长为 19.3 米，宽为 10.61 米，高为 0.77 米。面阔五间，进深一间，山面显二间；带前外廊，后内廊，其中明间面宽为 3.7 米，次间为 3.45 米，稍间为 3.2 米，进深为 6.5 米，廊深 1.44 米。梁为五架梁，前后各加一架，覆盆式柱础。明、次间置六抹头隔扇门，每间四扇，稍间置四抹头隔扇窗，每间四扇。

前墀头干摆双层灯笼挂；山墙及后墙砌法为三顺一丁。地面用 30 厘米×30 厘米×5 厘米的方砖铺墁。在屋面的檐步处施用望板；向里施望砖，灰背之上由筒、板瓦覆盖。

① 台基

武王殿的阶条石、陡板的损坏约占有二分之一，铺地方砖已缺失。而五佛殿的台明、陡板、踏跺均不存，铺地方砖全部破损。

② 墙体

两殿的墙体均系青砖砌筑，局部裂开。五佛殿的后侧挑檐石已断裂；博风砖全部毁失；而现存的博缝砖均为水泥抹制。

③ 大木构架及小木作

梁架保存基本完好，有轻微走闪，局部糟朽腐烂；柱的表面糟朽，嵌入槽内柱子的根部均腐朽严重。

装修隔扇与槛窗保存较好但均为后期改制。

④ 屋面瓦作

两殿的吻、兽全部破损，跑兽均非原件；瓦件的破损达 30%；而檐椽、飞椽的糟朽已达 50%；外巢所铺的望板全部糟朽，内巢所铺的望板保存尚好；两殿的勾头、滴水保存完好。

（12）东配殿

该建筑为硬山式，台基长 12.61 米，宽 9.72 米，高为 0.62 米，面阔三间，每间面宽为 3.55 米，进深一间，山面显二间；带前廊、后内廊。

梁架为七檩抬梁式，五架前后各加一步架；覆盆式柱础；金柱与檐柱间用穿插枋连接。檐柱下置雀替、额枋、平板枋；上承三踩斗栱，每间除柱头外，置平身两朵。

梁的各步之间的距离相等，均为 1.27 米，举折很少。梁下置随梁枋，檩下置随檩枋。

该殿的装修为金里装修，明间六抹隔扇门四扇，次间四抹隔扇八扇，其上均置走马板。

其殿的墙体前后侧为干摆墀头；山墙及墙的下碱砌法为三顺一丁，内墙的下碱为清水墙，上砌土坯、饰白灰罩面。地面为 30 厘米×30 厘米×5 厘米方砖铺墁。

屋顶的檐椽、飞椽处用望板，向里施望砖；灰背之上为筒、板瓦覆盖。

该殿的大木构架为惠宁寺始建之物，因年久失修，几近坍塌。

① 台基

原建筑的台基、陡板、阶条石、踏垛石均不存。

② 墙体

配殿的两山墙系青砖砌筑（均为修缮时重砌），北山墙垂直裂缝宽 5 厘米，前垛上部外倾；在南山墙的中间、后垛处均有一条通天裂缝；南侧山墙与梁架分离达 20 厘米；后墙已倒塌一半；廊心墙装饰砖全部脱落。

③ 大木构架及小木作

梁架保存基本完整，有轻微走闪，脊檩与金檩均不同程度腐朽；柱表面糟朽，柱根均朽损（内柱现已用碎石墩 88 厘米）；其平板枋、额枋已弯曲。

隔扇现已不存在，斗栱、雀替已劈裂。

④ 屋面瓦作

屋面杂草丛生，瓦件大部损坏（能利用的瓦件筒瓦 30%，板瓦 50%；吻兽、勾头、滴水不存在）。

由于瓦件损坏，使整个建筑漏雨严重，后坡已坍塌大半。脑椽、檐椽、飞椽已全部腐朽，望砖损坏有 60% 以上。

（13）关公殿

关公殿位于七间殿西侧。

关公殿为硬山式建筑，面阔三间，进深三间（其进深为后改动，经勘查原进深为一间），带前外廊、后内廊，明间置四扇六抹头扇门，次间置四扇四抹头槛窗。

① 台基

台基长 12.03 米，宽 11.66 米，高为 0.8 米，用棉石砌筑，由压面石、埋头石、陡板石、土衬石等分项组合而成。其转角部分的好头石做成"凵"形，以便压缝。台基的海墁以及殿内地面均为方砖铺设。

该殿的台基石作构件有松动鼓闪现象。踏垛皆无，殿内外的海墁方砖破损达三分之二。

② 墙体

墙体前、后墀头为青砖干摆，下碱用角柱石，上有腰线石；于山墙的正中饰一棱形砖雕，墙体的砌法为三顺一丁的糙砌。内墙的下碱为清水墙，上垒碎石，饰白灰罩面。其殿的墙体保存较好，只是前侧的槛墙鼓闪。内墙的壁画保存较完整，有的部位轻微起皮或退色。壁画的绘制内容，后墙为关云长像及楹联等，两侧山墙为关云长的生平故事。

③ 大木构架及小木作

该殿的梁架为七檩抬梁式、五架梁前、后各加一步架；覆盆式的柱础；檐、檩均饰旋子彩画。

该殿的大木构件保存较好，部分构件松动；椽、飞些许糟朽；望板的糟损约三分之二；檐柱的表面呈劈裂，墙内柱子糟朽严重。

木装饰中的隔扇呈现走闪现象；门、窗的棂条部分残损。

④ 屋面瓦作

该殿的屋面为筒、板瓦作法的黑色屋面，为硬山式；正脊设大吻一对；垂脊上置吞兽、中置垂兽，下置五个走兽；两山面设置铃铛排山，下置博风砖。

该屋面保存较好，而瓦件尚有五分之一破损；大吻已残；吞腰兽保存完好，其走兽为后期的水泥制作。

⑤ 壁画

关公殿壁画比藏经阁壁画保存较好，局部有脱落、酥碱、裂缝、脱胶和空鼓现象。

西墙壁画局部酥碱，画面脱落 30％，2、3、5 号有裂缝各一道。

东墙壁画下部酥碱严重，画面脱落 50％以上，2、3 号有裂缝各一道，2 号下部有空鼓现象。

北墙壁画局部酥碱，画面脱落 20％，1、3、4、6、8 号有裂缝各一道。

（14）弥勒殿

弥勒殿位于七间殿东侧，因严重漏雨，整座建筑残损严重。

弥勒殿为硬山式建筑，面阔三间，进深为后期改动。明间置四扇六抹头隔扇门，次间置四扇四抹头槛窗。

① 台基

台基均用棉石砌筑，由压面石、埋头石、陡板石、土衬石等几部分组合；转角部位的好头石呈“凵”形，以便压缝；踏跺有踏步石、垂带石两种；台基海墁、殿内地面为方砖铺墁。

阶条石多数已松动、移位；压面石有少量缺损；陡板石也有风化现象；踏跺保存较好；铺设方砖破损严重，损坏达四分之三。

② 墙体

前次间砌有槛墙，山墙、后墙砌法为三顺一丁糙砌。

前后墀头为干摆，下碱用角柱石、上有压腰石；山墙正中有一棱形砖雕，上有挑檐石；内墙下碱为清水墙，上垒碎石，白灰罩面。

弥勒殿因年久失修，槛墙鼓闪严重，山墙砖部分有风化、酥碱现象，内墙皮大部脱落。

③ 大木构架及小木作

弥勒殿为七檩抬梁式，五架梁前后各加一步架；覆盆式柱础；椽为方椽。

弥勒殿因长期漏雨，望板大部分糟朽、腐烂，椽飞也有三分之二糟朽；梁架走闪、拨卯现象严重；前檐大部分已坍塌，檐檩糟朽比较严重，檐柱有劈裂、墙内柱子也有糟朽；门窗扇四框的边梃、抹头的榫卯脱落，整体发生扭闪变形。

④ 屋面瓦作

该殿屋面为筒板瓦作法，正脊设大吻一对，垂脊上置吞兽，下置五个走兽；两山面设铃铛排山，下置博风砖。

弥勒殿屋面杂草丛生，瓦件损坏达 30％，前坡勾头、滴水皆无；吻兽保存较好，走兽皆无；前坡坍塌大半，后坡凸凹不平。

4. 师佛仓

师佛仓位于惠宁寺院墙外东侧，仅一墙之隔，是惠宁寺的附属建筑。现状如下：

师佛仓由山门、东西配殿和大殿组成。现山门已无存，现存正殿和东、西配殿及西偏房。

（1）正殿

正殿坐北朝南，单檐硬山顶建筑，面阔五间，进深三间。

① 台基及月台

大殿台基平面呈长方形，前有月台、踏跺，月台略小并低于台基10厘米，均由棉石包砌，青砖铺墁。阶条石多数已松动，有的已发生位移；压面石、阶条石已风化，破损较重，达三分之一；踏步石、垂带石破损严重。

② 墙体

除正面全部用青砖砌筑，砌法为三顺一丁糙砌；墙前后墀头为干摆砌筑；山墙正中各有一砖雕。其墙体中置有腰线石和挑檐石；廊间有廊心墙。内下肩墙为青砖砌筑，上身白灰抹面。

墙体保存较好，外墙砖部分风化、酥碱，槛墙均无。

③ 大木构架及小木作

梁架为七檩抬梁式，五架梁前后各加一步架，五架梁上置三架梁，用瓜柱承托。柱网布局为：前后檐柱十二根，金柱十二根，共二十四根。柱础石为鼓式，檐柱下置雀替。

在明次间置十二扇胡椒眼心屉、福字群板的六抹隔扇门。稍间置八扇胡椒眼心屉的四抹槛窗。

椽为方椽，其分为飞椽、飞身椽、脑椽。木基层为望板。

梁架保存基本完好；前檐柱有劈裂现象；飞椽有糟朽现象，木装修均无，但有痕迹存在。

④ 屋面瓦作

大殿屋面为筒板瓦作法，单檐硬山顶；正脊为棋盘式，设大吻一对，垂脊略矮，上端置吞兽、中置腰兽，小脊有五个走兽。两山面设置铃铛排山，下置砖博风。

筒瓦屋面残破不堪、凸凹不平、瓦节松动，部分瓦件脱节。大吻、吞脊兽残损不全，走兽全部缺失。

（2）东西配殿

两座配殿东西对峙，其建筑风格、形式、体量基本一致，面阔三间，东配殿为10.8米，西配殿为10.02米；进深一间，山面显二间，东配殿为7.04米，西配殿为7.24米；

其中廊深均为 1.62 米；明间置六抹隔扇门四扇，次间置三抹槛窗八扇。

① 台基

两座配殿的台基长为 10.92 米，宽 7.24 米，高为 0.32 米。

东配殿的台基残损较大，风化较重，破损程度超过三分之二，有的已发生位移。西配殿的台基保存尚可。有的部位压面石断裂。

两殿的铺地方砖均无。

② 墙体

前后墀头为干摆，两山面为五花山墙，背立面的上下碱为白灰罩面，花碱和拨檐砖砌法为四缝上身的淌白墙糙砌。两侧山墙均有角柱石、腰线石和挑檐石。西配殿廊间墙的上身为抹灰，而东配殿的廊心墙的方砖为抹灰。下碱与槛墙均为丝缝砌筑。象眼抹灰镂画。

槛墙的立柱石为 70 厘米×20 厘米，窗塌板（石）为 8 厘米厚。

内墙的上身为白灰罩面，下碱为青砖糙砌，砖的尺寸为 32 厘米×16 厘米×17 厘米。

铺地方砖为 30 厘米×30 厘米×5 厘米，现已无存。

东配殿，墙体保存较好，部分外墙风化较重，角柱石严重风化，破损达三分之一以上。

西配殿，墙体保存较好，部分外墙砖风化残破较严重；角柱石、腰线石、挑檐石保存较好。

③ 梁架

东配殿的梁架保存较好，嵌入墙内的檐柱有糟朽现象，飞椽、檐椽糟朽 60％；望板糟朽 70％，走马板及门窗已损坏。

西配殿的梁架基本尚好，墙内檐柱呈糟朽现象；飞椽、檐椽朽 60％，望板糟朽 70％，走马板门窗已损毁。

④ 屋面瓦作

两殿的正脊为棋盘式清水脊，"蝎子尾"置于正脊两端，两侧山墙的山尖均有砖雕的作中，四条垂脊由条方砖和"靴头"等组合而成。在盘头上，四处戗檐均设有石雕花饰；博缝头四处均饰砖雕。在"蝎子尾"下面四处的平草砖均饰有砖雕。

东配殿的筒瓦损毁达 30％；勾头、滴水坏损 40％。

西配殿的筒板瓦损毁已达 35％；勾头、滴水坏损 40％。

（3）东师佛仓

东师佛仓与惠宁寺毗邻，坐落于惠宁寺外仅一墙之隔的东北侧，是惠宁寺重要的附属建筑之一，为寺院平时做佛事和活佛食宿的地方。

从结构和建筑风格上看，东师佛仓是具有浓郁的辽西民间和藏、蒙、汉佛教相结合的特色的小式建筑。

东师佛仓山门为小式硬山建筑，是东师佛仓的入口，位于东师佛仓的中轴线上。该殿面阔三间，进深一间。在明间有前侧辟棋盘门即两扇板门，后侧辟隔扇。在两次间的南侧（即正立面），设置由石板、条石组合艺术砌筑的假窗洞。在其后檐墙（即背立面）设置槛窗。台基的前后设踏垛。

① 台基

台基平面呈长方形，分别由压面石、踏垛石、垂带石、砚窝石以及象眼、陡板的青砖淌白墙砌筑等几部分组成。为压缝方便，在台基的四角将"好头石"做成"凵"形。

台基石构件保存较好，象眼和陡板的砌筑均为糙淌白砌法。除个别砖有损坏，大多数保存较完整。

门枕石的石雕花饰（纹）"文革"时已部分毁坏。

② 墙体

山门的殿身除南北两侧的门窗洞外，均用实墙封护。其作法为：正面墙和前后腿子、腮帮（即象眼）均为"磨砖对缝"的砌法。假窗洞和槛墙均由长方石板和条石凿制成艺术砌体（但现假窗洞已毁于"文革"），其槛墙的石雕艺术尚保存完整。

墙上均设有角柱石、压腰石、挑檐石。戗檐四组置石雕花饰（已毁于"文革"期间），其下设有上长方形和下三角形组合的精美的石雕花草艺术。

两山墙和后檐墙的下碱、上身，均为"三顺一丁"的丝缝砖砌法。

内墙下碱为淌白墙糙砌，上身为白灰罩面。

③ 大木构架及小木作

该殿的柱网布局较简洁，前后檐各用柱四根，共用八根。梁架为五架梁、四步架；五架上置三架梁。梁上各设随梁枋，各组檩均置随檩，柱全部嵌入墙内的，糟朽可能很严重，檩梁等均糟朽较轻。

山门用椽为方椽，分为飞椽、正身椽、脑椽构成，糟朽达 50%，望板糟朽 70%。明间的前侧辟棋盘门，四组门簪，右后侧辟斜方格四扇五抹隔扇门。次间为八扇的二抹槛窗。

④ 屋面瓦作

山门为筒板瓦屋面，正脊为清水脊，其两端各置蝎子尾，前侧正脊的两端置平草砖的透雕花饰两组。在四条披水排山脊下面置方砖陡板，下砌成靴头。在两山墙的山尖正中，各雕砌一块"山坠"作中。其下有一吃水条砖。在四组博风头各饰有一砖雕，前侧二组花饰相同，后侧二组花饰相同。

博风砖有一块损坏，山尖的作中有一组不完整，筒、板瓦糟损 30%；勾头、滴水损毁为 35%。

表六 惠宁寺残破现状勘察情况

序号	建筑名称	分部名称	分项名称	现状勘查结果
1	山门	月台	压面石	现存西面 8 块，东面 3 块，南面 2 块，其余均为残断石料拼装。
			角柱石	南立面 4 块均为无存。
			陡板石	保存基本完整，部分有风化腐蚀断裂现象。
			垂带	上部严重缺陷，踏跺保存较完整，但均缺棱少角，其下之象眼石无存。
			土衬石	均保存完整。
			月台地面	中路为五路纵向条石，残损严重。方整石铺地，破损严重。山门台基前有条石铺地，破损严重。
		台基	压面石	南北面现存压面石保存完整，局部风化、缺损。4 块好头石保存完好。
			踏步	南阶条下一步台阶东西各缺失 1 块，东次间位置缺石材风化剥蚀严重。北阶条下台阶现存 4 块完整，东、西部分已缺失。
			地面	地面原为方砖铺地，现存为块石及条石拼凑后杂乱铺墁，坑洼不平。
		墙体		墙体保存完整，腰线石、门券石、角柱石（墙）、础石均保存完好。
		大木构架及小木作	檩枋	井口天花遮挡，无法调查，露明正心檩外观基本完好。梁：明间西梁长向劈裂缝。明间东梁梁底劈裂，从南柱头始 2/3 长度，宽 15 毫米；梁侧劈裂，从北柱头始 1/2 长度，宽 10 毫米。
			柱子	墙内柱无法调查，北面东 2 根柱下沉 20 厘米，柱根糟朽缺损 30 厘米高。明间北两根柱东西两面纵向劈裂严重。
			角梁头	均劈裂，局部糟朽。
			檐椽	现存外观完整。飞椽椽头糟朽、劈裂 56 根。
			望板	外檐椽望有漏雨痕迹，大部分望板可能已无法使用。
			连檐瓦口	外闪、糟朽严重。
			室内墙面	室内现存为白灰抹面，原为粗淌白墙面粉白。
			天花	六字真言天花，支条基本完整，天花板全部劈裂，14 块缺损，西次间支条弯曲约 20 毫米。
			槛框	南板门为近年新补制，抱框不靠柱，门小、薄、简陋，中槛为原件。北轴线柱有槛框卯之位置，亦存有装修痕迹。
			彩画	外檐檩枋及梁头彩画保存较完整，椽头彩画已剥落。

序号	建筑名称	分部名称	分项名称	现状勘查结果
1	山门	屋顶	兽件	吻兽均为后做。博脊吞脊兽4件，其中3件无卷尾，仅西博脊为卷尾吞兽。正脊、垂脊、戗脊兽前、兽后基本完整，现存用水泥疙瘩封护。
			筒瓦屋面	瓦垄现存朝天拱，檐口下垂，筒瓦脱节，筒板瓦保存完整。
			檐头附件	勾头：北坡24块为后换，其中9块已无勾头，南面2块无勾头，6块破损。滴水：北坡9块，南坡11块缺损，其余图案、规格不同；东坡3件残，西坡6件残。
2	天王殿	台基	踏跺	前面保存基本完好，后面踏跺已毁，均为后换。
			室外地面	台明方整石风化破损严重，达80%。室内外拜石保存完好。
			室内地面	室内方砖墁地，全部残缺。
			压面石	有两块断裂，其余局部风化。
			陡板石	有两块裂缝较大，用水泥抹过，其余均为轻微风化，不影响使用。
			其他	角柱石、下碱石、券脸石均保存完好。
		墙体		保存较好，只是下碱墙底部10皮砖内风化酥碱较严重。
		大木构架及小木作	梁架	保存较好，无扭闪和糟朽现象。
			木基层	檐椽保存完好，飞椽局部糟朽；需更换10根左右，望板、连檐、瓦口局部糟朽，室内望砖保存完好。
			装修	原明间辟通门，现大门已改变原貌，前门槛框保存较好，门枕木为后换，后门槛框、门枕木均已丢失；圆窗的窗棂个别损坏。
		屋面	筒瓦屋面	筒板瓦有不同程度损坏，瓦节松动；正脊两侧与正吻交接处有修补过的裂缝。垂脊前坡保存较好，后坡西侧断裂，东侧扣脊瓦一半为重新加补；戗脊均为重新补抹；博脊保存较好。
			兽件	正吻、吞兽、垂兽均已涂抹、修补；戗兽为后期补配；跑兽16件均为后期制作，套兽缺一个，一个为后期补配，两个为早期制作，但经过修补、涂抹。
			檐头附件	勾头滴水破损较多，需更换40%。
3	大殿	月台	阶条石	西、北两面保存较完好（好头石完整）。东、南两面缺损较多，风化也较西、北两面严重。东面从北数（不含好头石）第九块断裂，第四块内角缺失，第十二块外角缺失。东南、西南角好头石丢失，角部阶条石为临时拼凑，东南角宽窄不一，拼7块，西南角拼凑大小8块。门厅台明压面石保存基本完整，西3块为后补配，规格不一。柱础石保存完整。
			陡板石	月台保存基本完整，东立面南端压面石下第一层四块断裂，第二层有一块断裂，西立面北端曾修过，石件规格不一。

序号	建筑名称	分部名称	分项名称	现状勘查结果
3	大殿	月台	角柱石	东南、西南缺失，现为砖砌。
			垂带等	垂带与阶条石接头缺损少许，表面风化剥落，保存基本完整。踏步由下至上第七步台阶东数第六块斜横断裂，第八块纵向斜断裂；第八步台阶东数第五块断为三块，第六块于2/3处断开；第七块端部断开；第八块中部断裂。第二步台阶东数第七块中部断开，第八块右角缺损。第五步台阶东数第五块端部断裂。
			象眼石	保存完整。
			月台地面	方块棉石地面，南面断裂、下沉严重，且石料规格差异很大，东、西、北三面用水泥砂浆抹面。门厅廊步棉石地面断裂、下沉，尽间稍好。
		墙体	外墙	保存较完整，北立面中部有梯形裂缝。
			荆条墙	保存较好，局部有缺损。腰线石、角柱石、下碱石、挑檐石保存完整。
			角柱石	门厅压砖板下两块，西一块右下角缺损（不规则），东一块左下角缺损，后补青石方砖一块。
		大木构架及小木作	柱子	南立面二层前殿檐柱外立面下1/2崩裂，柱根有糟杇，油饰脱落。一层前殿檐柱外立面下1/2崩裂，油饰脱落。中心殿二层外檐角柱（4根）有劈裂缝多道。前殿、中心殿、周围殿梁架保存基本完整，局部有裂缝。
			角梁	仔角梁梁头糟杇劈裂。
			木装修	一层：板门（明次间）竖向板缝裂开，下部油漆脱落。板门槛框：抱框保存完好，下槛修补多次，明间下槛锯断更换。 二层：前殿廊外栏板油漆发白，龟裂脱色。木隔扇门保存基本完整，裙板部分糟杇、劈裂。 二层周围殿外立面窗上圆珠带过梁因雨水浸泡发黑，糟杇，油漆已全脱，崩裂严重。外圈窗保存基本完整，局部糟杇；内圈槛窗油饰尚完好，门、下槛已糟杇，残破不全。 二层中心殿南立面窗下木栏杆、栏板明间已缺失，两次间也已糟杇、残缺。
			木基层	中心殿保存较完好，无渗露。 前殿二层檐椽头未见糟杇，但有崩裂现象，瓦口外闪，东南角梁有渗水痕迹。 一层檐口，门厅三层椽外椽头37根糟杇，二、三层椽保存基本完好，望板均有渗漏痕迹。 周围殿阴角、阳角角梁处均渗漏（包括外檐椽望）。

序号	建筑名称	分部名称	分项名称	现状勘查结果
3	大殿	屋面	吻兽	正吻：中心殿上为后补换（白色），剑把无。前殿上疑为原件，仅东正吻剑把缺失。周围殿与前殿歇山交接处，二件均为后换。 垂兽：中心殿四件，北坡西垂兽为原物，东垂兽为后换（白色）。南坡垂兽保存较好。前殿两件保存较完整。 合角吻：二层周围殿东北角、西南角、西北角卷尾均为后补制，东南面合角吻为后补做。 戗兽：中心殿保存完好。前殿戗兽卷尾后补。周围殿戗兽南两件保存完整，北两件卷尾后补。 跑兽：中心殿20件，东北角第一个跑兽缺失，其余均保存完好。前殿8件均为后补做。中心殿均为后做，掉头断尾。 套兽：二层周围殿、一层小檐角梁头均不饰套兽，仅用一块勾头覆之，其余均为后换。
			屋脊	正脊：中心殿保存完好，脊刹完整（陡板素脊）。前殿保存完好，脊刹完整（陡板卷草花脊）。 周围殿：东、西、北三条陡板花脊，保存完好。南小段枋心花脊保存完好。 垂脊：中心殿、前殿保存完好。 戗脊兽后：中心殿陡板素脊保存完整，前殿花脊保存完整，周围殿花脊加宝瓶保存完整。 戗脊兽前：中心殿保存基本完整，前殿保存基本完整，周围殿保存基本完整。 瓦顶：中心殿、前殿、周围殿保存完整。
			檐口附件	中心殿12件残损，前殿4件残损，周围殿30件残损。
4	藏经阁	台基	阶条石	周围规格一致，保存完整，呈页状不规则风化剥落。
			柱础石	室内4个金柱础石露明，外廊檐柱及南廊金柱础石均为水泥抹面。
			廊步地面	为不同规格方石铺墁，但东、西、北廊步已改为水泥地面。室内地面为方砖墁地，保存基本完整。
		墙体	室内下碱	东墙金柱纵轴位置裂缝（上下向），西墙上金檩位置下碱墙体缝，但无碍画面。槛墙为后加高，内干抹混合砂浆，外抹水泥砂浆加枋心。
			外墙面	三顺一丁砌法（与内墙相同位置有上下连续规则裂缝，均顺砖端部），上身墙面刷白，下碱为干摆墙面，做工精细。
			壁画	北墙每间中部约1.2m宽顺高壁画已无存，东墙沿内柱轴线位置墙体竖向裂缝（上宽下窄不规则裂缝）将画面破坏，中部1/3范围内上部泥皮掉落、脱色，下部人为破坏刮掉画面。西墙保存较为完整，空鼓脱落，脱色。北部1/2中下部人为破坏。

续表六

序号	建筑名称	分部名称	分项名称	现状勘查结果
4	藏经阁	大木构架及小木作	柱、檩、枋	室内金檩绘木纹，为檩垫枋三件作法，长度方向崩裂。廊步金檩外彩绘，内纹饰，长度方向崩裂。金柱室内露明四根，保存完好。七架梁随枋以下部分简单油饰，下 1/3 脱落较严重（未见木仗）。廊步金柱油饰空鼓剥落严重，已崩裂。檐柱柱高下身 1/2 崩裂，1/3 糟朽，油饰脱落斑驳。
			木基层	脑椽呈褐色，无法详查。花架椽外观保存完好。下金步、檐步椽：南坡瓦顶有渗露迹，仰视看较好，疑拆基层上部定糟朽。望板糟朽严重，呈水渗颜色，且明次间局部塌露泥背。飞椽仰视较完好，椽头除个别劈裂外，保存较好。连檐瓦口外观尚可。
			木装修	明间走马板之短抱框为后更换且无油饰。走马板三块，已崩裂，中块裱纸已残破，东块似画在板上，西块所裱画菩萨起皱。 明间西抱框与柱分开约 20 毫米，崩裂严重，东抱框较好。下槛劈裂，西端挖补钉钉，现状残破严重。 隔扇歪闪，边挺劈裂，上抹头脱榫，条环板缺失两块。现存裙板、条环板竖向崩裂缝已贯通，榫卯结点脱离。隔扇心屉为龟背锦，支条简陋，仔边做工糙，节点脱开。 次间走马板与明间同。抱框基本完好，下部崩裂占高 1/3，下槛西 1/2 劈裂严重。隔扇边挺抹头材小，条环、裙板心屉素面蓝色，心屉抹补红色，心屉楞条下部残缺。心屉为大龟背方格。风槛及榻板石已看不到（可能是槛墙后改高所致）。 走马板与明次间同。槛窗歪闪，心屉、条环板错位缺损，边挺抹头断面不一样，作法粗糙。心屉为双交四碗。
		屋面	吻兽	正吻一对，局部修补过，兽头及卷尾为原件，剑把（东）上部缺损。 垂兽：北坡垂兽基本完整，局部修补。南坡垂兽基本完整，局部修补。 吞脊兽：北坡吞脊兽（靠正吻）卷须均为后修补，兽头较完整。南坡吞脊兽（靠正吻）卷须均为后修补，兽头较完整。 戗兽：北坡（西）保存较完整，北坡（东）戗兽尾下修补。南坡西南戗兽较完整，东南戗兽卷须下修补。 跑兽：20 件，北坡（东北角、西北角）跑兽不一样，疑西北角第一个兽为原物。 套兽：均修补过。
			脊	正脊：两端卷草中为脊刹，上存刹桩，南面中部二跑龙，保存较完好。 垂脊：垂兽后为卷草陡板脊，保存完整。垂兽前为陡板脊，保存完整。 戗脊：现状完整，仅跑兽不一样。

序号	建筑名称	分部名称	分项名称	现状勘查结果
4	藏经阁	屋面	瓦面	北坡屋面瓦顶保存较完好，檐头附件损坏较多，东割角滴水后换，48件滴水残损，23件勾头后更换或修补。南坡明次间长草（明次间檐椽口下沉，瓦垄上拱）。瓦垄除抹过外，基本完整。
			檐头附件	勾头48件为后补换，18件勾头头部已断失。滴水51件残损，均为无当沟作法。
5	舍利殿	台基	台基	台阶保存完整，表面风化。
			陡板石	保存完整，但表面风化、剥落严重，东面深达约7厘米。
			压面石	有两块断为两段，丢失一块，其余均保存完整。
			土衬	保存完整，局部风化。
			角柱石	均保存完整。
		地面	地面砖	室外砖墁地面几乎全部损坏。室内改为水泥地面。
		墙体	墙体	后檐墙和两山墙的连接处各有一道裂缝，宽约4厘米。下碱石柱门两块丢失外，其余保存完整。槛墙由水泥抹面做假缝。山面悬鱼丢失，砖雕花保存完好。
		大木构架及小木作	木构架	前檐柱均有轻微糟朽，高约1米，有三根劈裂约2米长，缝宽1.5～2.5厘米；后檐柱和山柱均在墙内包砌，糟朽程度尚不知，估计糟朽较严重。梁架保存基本完好，五架梁在后上金檩位置加支顶柱。
			装修	装修保存完整，但均为后做。雀替保存基本完整，云墩有4只劈裂。
			椽、望板	飞椽前坡糟朽严重，60%已塌落或已露天，后坡保存完整，椽头部分糟朽。檐椽前坡仅有24根保存完整，其余均有不同程度的糟朽。望板前坡几乎全部糟朽，后坡保存基本完整。连檐、瓦口前坡大部分已无，仅存西尽间、东尽间一部分，后坡保存基本完整。室内望板保存较完整。
		屋面	瓦面	殿顶年久失修，破损比较历害，前檐除西部保留25个勾头、滴水，东部保留22个勾头、滴水，其余均已塌落。筒板瓦部分塌落，其余瓦陇也是杂草丛生。后坡勾头、滴水残破各14个，其余均保存完整，但瓦顶上杂草丛生，筒板瓦破损严重。
			脊、兽	正脊残缺严重，大部分用白水泥补抹。垂兽及兽后垂脊保存较完整，兽前垂脊及跑兽均为后做，吞兽局部残缺，用白灰做过修补。
6	钟楼	台基	石作	台阶、垂带、压面石、角柱石均保存完整，表面有不同程度的风化。
			地面	室内外地面墁地方砖均全部风化、碎裂。
			台明	台明立面条砖砌筑，外部抹灰局部脱落。

续表六

序号	建筑名称	分部名称	分项名称	现状勘查结果
6	钟楼	墙体	墙体	下部酥碱，较严重残损，上部保存完好。
		大木构架及小木作	二层	梁架保存较完整，柱子表面油漆全无，木材质外露，表面形成许多裂缝，柱根轻微糟朽。木地板全部糟朽。木装修除下槛尚保留部分，隔扇槛框及走马板等装修均缺失。外檐倒挂楣子油饰已无，部分雕花残缺。飞椽上望板全部糟朽，内部望板由于屋面漏雨糟朽40%。椽子因屋面漏雨表面均有不同程度糟朽，连檐瓦口大部分也均已糟朽。
			一层	梁架保存完整，柱根有些糟朽。雀替保存较完整，部分拱与上部脱离。望板、连檐、瓦口因漏雨均有不同程度糟朽。檐椽，飞椽保存基本完整，头部和下部均有糟朽。
		屋面	一层	吻兽均或残缺或为后做。正脊、垂脊、戗脊（兽后）基本保存完好，局部用白水泥补做。勾头损坏10个，滴水缺损12个，筒板瓦保存基本完整。歇山面瓦顶由于歇山踏角木脱离，形成一通缝，漏雨。
			二层	兽脊均为后做，保存完整。勾头5个，滴水10个破损残缺，筒板瓦保存完整。
7	东西更房	台基	压面石	保存完整，高低不平，表面风化、剥落。
			其它	陡板石、角柱石、台阶、垂带石全无。
		墙体	墙体	南山墙外闪，加一宽1.5米、高2.5米石砌墙支顶。后檐墙下部酥碱严重。
			石作	角柱石、腰线石、挑檐石保存完整。槛墙为后砌。
		大木构架及小木作	梁架	内部吊顶，构件破损情况不详。
			柱	外檐柱油饰已无，劈裂，根部糟朽1平方米左右。
			装修	装修均为后期添加。
		屋面	瓦顶	已长满蒿草，瓦件和屋脊残损严重。
8	药王殿	台基	柱顶石、拜石	保存完整，表面局部风化。
			压面石	除两块断裂，其余均为局部风化，不太严重。
			角柱石	西南角一块丢失，其余保存完整。
			陡板石	缺损一块，其余局部风化。
			地面	室外墁地条砖酥碱、磨损严重，高低不平。室内为水泥地面。
		墙体	墙体	北山墙下部条砖酥碱严重，腰线石、挑檐石、角柱石保存完好，局部风化。槛墙保存基本完整，角柱石底部风化剥落。后墙下碱酥碱风化严重，高度达12层砖。

序号	建筑名称	分部名称	分项名称	现状勘查结果
8	药王殿	大木构架及小木作	大木构架	室内吊顶,木构架情况不详。外檐檐柱、金柱油饰层全部脱落,柱根糟朽开裂。
			装修	除部分边框、抹头、裙板为原物外,心屉等多为后补配。
		屋面	吻、兽	南正吻仅存脊以下部分,上部卷尾用白灰泥后制。北吻全部用白灰泥后制。 垂兽保存基本完整。跑兽均为后做。
			脊	正脊、垂脊保存基本完整,局部残破。
			瓦面	屋面保存较完整,勾头破损2个,滴水破损15个。筒板瓦保存较好。铃铛排山脊保存较好,勾头、滴水破损较少。
8	书写殿	台基	阶条石	东面北数第二块(即紧靠好头石)断为3段,其余基本完整,但外阳角及接头缺损,风化较严重。南面(除好头石外)现存6块,其中3块缺损严重,西北两面阶条石现已无存。
			陡板石	东面除南数第一块断裂外,其余较完整,风化剥蚀深约3cm。南面陡板石基本保存完整,其东段比西段风蚀严重。西面陡板石已无存,北面保存完整。
			角柱石	东立面2块保存完整,其余2块无存。
			地面	墁地方砖90%已断裂、凹陷,檐柱外至阶条石抹水泥砂浆,现已剥落。
			垂带、踏跺	垂带两块均四角缺损,北面垂带1/3处断裂。踏跺4块,第四步台阶南段断裂。砚窝石保存完整。
			象眼石	现存为临时砖填充,象眼石已无存。
			土衬石	除西面无法调查外,其余保存完整。
		墙体	墙体	粗淌白砌法(三顺一丁)基本完整。后墙上一层干摆拔檐2块缺损。4块戗檐砖基本完整。南山墙西始1.5米处有不规则裂缝一道(压砖板石至博风两层博拔檐)。下皮11层砖范围内酥碱严重。
				东立面之前廊除廊心刷白外,干摆墙面。南廊墙干摆残破,八皮砖酥碱严重,北廊墙下碱酥碱85%,已剥落。
				压砖板、挑檐石、榻板石、础石、立柱石保存完整。
				博风砖保存完好,仅南山墙西坡紧挨悬鱼一块断裂。
				砖雕悬鱼、菱形砖雕、博风砖上一层拔檐、下二层干摆混砖保存完好。干摆墀头保存完整。

序号	建筑名称	分部名称	分项名称	现状勘查结果
8	书写殿	大木构架及小木作	大木构架	梁架因吊顶无法调查。6根檐柱，除南第一根墙外露部分油饰基本完整外，其余根下半均已全剥蚀。由南向北柱根崩劈裂程度为第二至五根分别为1/4、1/3、1/3、1/2，北檐柱柱根糟朽约50厘米。
			木装修	抱框外观较完整，下槛残损严重，已多次修补。明间隔扇心屉双交四碗，心屉下四根抹头崩裂与右边活脱榫，第三扇右下角现用扁铁加固，门扇歪闪，下绦环及裙板劈裂贯通。次间隔扇边抹变形脱榫，裙板、绦环板劈裂严重，抱框、下槛横向劈裂，且修补过。稍间槛窗整体较完整。尽间槛窗下抹头劈裂，节点脱榫，槛框基本完整。走马板均竖向劈裂，变形，彩绘变色。
			木基层	后坡：檐口下沉，南部大连檐、瓦口从饿檐砖处外闪出，下沉，屋面漏雨，望板糟朽。飞椽头有18根劈裂糟朽，小连檐弯曲。 前坡：连檐、瓦口、椽飞保存完整，南部连檐、瓦口脱离饿檐，致使瓦口与勾滴脱离下沉，飞头完整，未发现糟朽。
		屋面	吻、兽	正吻两个曾修补，兽头眼眉处补抹砂石。吞脊兽4件，兽头完整。垂兽4件，保存较完整，仅下唇部修补过。跑兽20件，均为后换。
			脊	方砖陡板正脊，保存完好。条砖陡板垂脊兽后，保存完好。垂脊兽前东北角盘子修补，其余完整。
			瓦面	屋面筒板瓦基本完整。勾头16块破损，6块缺失，滴水24件残损。
9	五佛殿	台基	压面石	南侧西数第1、2、6、7块破损严重，西北角缺失约1.2米。东侧保存完整，局部风化。西侧明间偏北一块断裂，其余均保存完整。
			陡板石	不存。角柱石缺无。
			踏跺、垂带	踏跺仅剩一块，无垂带石。
			地面	室内外墁地方砖破损严重，无法使用。
		墙体	槛墙	风化脱落严重，表面仅30%完好。
			墙体	菱形砖雕及悬鱼保存完整。南山墙墙体中部外鼓，北山墙砖作酥碱风化较严重。后墙表面大面积脱皮。
			其他	腰线石、角石保存基本完整。后侧挑檐石已断裂。窗榻板保存完整，南侧南端一角开裂。间柱风化严重，两个根部仅存30%～50%，另两个保存完整。

序号	建筑名称	分部名称	分项名称	现状勘查结果
9	五佛殿	大木构架及小木作	大木构架	外檐柱漆皮脱落，根部崩裂，糟朽，表面劈裂多处，室内金柱一根有通裂缝，宽约2厘米，左右，其余基本完好。梁架除北次间北侧五架梁为原物，其余梁架均为后做。明间后下金檩及随檩中部均有自身长70%~80%裂缝。明间北侧七架随梁有通裂缝一道。室外金部和檐部彩绘均已退色，崩裂较严重。檩垫枋三件中，垫板断裂严重，无法使用。
			椽、望板	脊椽、花架椽及望板保存完好，部分为后换。前后檐椽、望板、连檐、瓦口大部分为后换。
			装修	隔扇保存较完整，局部有劈裂、虫蛀。槛框有七处剔补。
		屋面	吻兽、脊	吻兽均为后补，有白灰抹面。正脊、垂脊残缺不全，后期修补较多。
			瓦面	屋面筒板瓦约有30%损坏。勾头、滴水各残损5个。排山勾滴勾头、滴水有5件破损。
10	武王殿	台基	石作	台基石作基本全无，仅剩前檐几块压面石，踏跺仅余一块，
			地面	室外现为水泥地面，室内方砖地面已无法使用。
		墙体	砌体	墙体大部分为后砌，砖规格及砖缝不匀。后檐墙下碱以下为砖砌，上部水泥砂浆抹面。北山墙下碱以下为毛石砌筑，上部为砖砌。南山墙槛墙均为后砌。
			石作	腰线石、角石、挑檐石保存基本完整。北侧山墙前檐挑檐石偏短，为后补做。博风砖全部毁失，现存均为水泥抹制。
			砖雕	悬鱼及菱形砖雕均为后做。
		大木梁架及小木作	梁架	梁架基本完好，局部有一些裂纹。
			装修	装修因多次改动，现均为后做。
			椽望	室内脑椽、花架椽部分为后换，保存完好。前檐檐椽、飞椽多为后换。连檐、瓦口局部糟朽。后檐檐椽、飞椽50%以上糟朽，连檐、瓦口几乎全部糟朽。外檐望板几乎全部糟朽，室内所铺望板保存尚好，部分糟朽。
		屋面	吻兽、脊	均为后补。
			瓦面	多为后期修补，屋面杂草丛生，筒板瓦损坏约30%。
			勾头、滴水	约有50块残缺。
11	弥勒殿	台基	压面石	多数松动、移位，缺损严重，西北角2块缺失，东面一侧全部缺损。
			陡板石	多已缺失。
			角柱石	仅存西南角1块。
			踏步	保存较完整，局部下沉，与台基分开约4厘米，第三步踏跺石开裂。

序号	建筑名称	分部名称	分项名称	现状勘查结果
11	弥勒殿	台基	土衬石	多被院内地坪埋住，仅东侧外露，较完整。
			地面	墁地方砖破损严重，室外仅存 1/5，室内完整的方砖也不到 1/3。
		墙体	砌体	槛墙墙体严重向前倾斜，上部偏移达 12 厘米，勾缝脱落。西山墙有两处裂缝，根部风化，酥碱。后墙西北角与墀头墙交接处有宽约 3 厘米的裂缝。
			砖雕	博风砖保存完好，仅东北角带雕刻的博风砖缺失。
			其他	腰线石、角石、挑檐石、石榻板及柱石、下碱石保存比较完整，局部有些位移、风化。
		大木梁架及小木作	大木构架	因长期漏雨，梁架走闪、拔榫现象严重。檐檩糟杇严重。檐柱油饰基本全部脱落，通裂缝多处。穿插枋头缺失，南面西侧檐柱有墩接，且糟杇严重。
			椽望	望板、连檐、瓦口大部分已糟杇、腐烂，椽飞仅 1/3 保存尚好。
			装修	装修整体扭闪变形，槛窗之边挺、抹头榫卯脱开，局部糟杇。整个装修应为金步后改到檐步。
		屋面	吻兽	均已残缺不全，表面有抹灰，均为后勤补配。
			勾头、滴水	损坏严重，残留仅 50%。
			瓦面	杂草丛生，筒板瓦损坏达 40%，前坡坍塌大半。
12	关公殿	台基	压面、陡板石	压面石保存较完整，东北角缺损 1 块，陡板石前后面均保存较好，东面为土所埋，西面几乎全部残缺。
			角柱石	保存较好，局部分化。
			土衬石	被院内地坪所埋，不详。
			踏跺	仅余 1 块，残缺。
			地面	墁地方砖破损严重，室内仅存 1/3，室外不足 50%。
		墙体	砌体	除西山墙有 3 道明显裂缝外，墙体基本完好。
			砖雕	博风砖保存完整，两侧各有 1 块残破。
			石作	腰线石、挑檐石、角石、石榻板、及柱石、下碱石保存比较完整，局部有些移位。
		大木构架及小木作	大木构架	柱子油饰脱落，根部部分糟杇、崩裂。梁架保存基本完好，部分榫卯松动。
			椽望	椽飞、瓦口、连檐保存基本完好，望板部分腐杇。
			装修	装修整体变形，整个装修应为金步后改到檐步，且均为后期补做。

序号	建筑名称	分部名称	分项名称	现状勘查结果
12	关公殿	屋面	吻兽	均为后期修补。
			勾头、滴水	勾头破损 16 个，滴水破损 17 个。排山勾滴勾头滴水破损较严重，35 块滴水、15 块勾头缺失。
			瓦面	基本保存完好，筒板瓦破损约 20％。
13	东配殿	台基	压面石	破损严重，仅西面比较完整。
			陡板石等	陡板石、角柱石、垂带、踏步均无。
		墙体	砌体	墙体开裂脱落较严重，墀头墙与墙角檐柱裂缝宽约 10 厘米，南山墙中部有一通裂缝最宽处宽处约 10 厘米，北山墙垂直裂缝宽约 5 厘米，后墙已倒塌一半，前墙和现存小门为后人临时封护。
			砖雕	山墙博风砖、方砖雕刻及悬案鱼尚存。
		大木构架及小木作	大木构架	檐柱糟朽严重，室内一根金柱用碎砖石墩接约 1 米，梁架保存基本完整，檩檐平板枋、额枋弯曲、糟朽较严重，檩檐顶部也有轻微糟朽。
			装修	雀替、斗栱均糟朽崩裂。装修仅存单开攒边门一个，多处糟朽。
			椽望	漏雨严重，后坡已坍塌大半，脑椽、檐椽、飞椽已全部腐朽，连檐、瓦口望板都已糟朽，望板也已损坏 70％。
		屋面	瓦面	屋面杂草丛生，瓦件大部分损坏，筒板瓦仅有 20％～30％保存完好，吻兽、勾头滴水基本全无。
14	师佛仓正殿	台基	台基	全埋于地下，不详。
		墙体	砌体	下碱墙白灰勾逢脱落，砖面酥碱，后墙后加 3 个窗户，现又封死，下碱墙酥碱严重。廊心砖雕损坏。
			砖雕	山墙正中砖雕保存完好。悬鱼已无。
			其他	腰线石，挑檐石保存完整。
		大木构架及小木作	大木构架	梁架保存完好。柱子全无油饰，部分开裂。
			装修	装修均无，其痕迹存在。
			椽望	后坡东西两角望板糟朽 1 米左右，其余保存较好。椽子、连檐、瓦口保存较好。
		屋面	吻兽	正吻、垂兽、跑兽全无。吞兽保存基本完整。正脊、垂脊保存基本完整。
			瓦面	保存基本完整。
			勾头、滴水	残损严重，1/3 勾滴已无。

序号	建筑名称	分部名称	分项名称	现状勘查结果
15	师佛仓东配殿	台基	压面石	缺损严重，仅存西面压面石6块。
			踏跺	仅存一阶，无垂带石。
			地面	铺地方砖均无。
		墙体	墙体	保存完好，部分外墙墙皮脱落，风化较严重。角柱石严重风化。
		大木构架及小木作	大木构架	梁架保存较好，嵌入墙内檐柱有糟朽。北间下金随檩有裂缝多处宽达1厘米。
			椽望	椽望连檐均保存完好，西北角有部分糟朽。
		屋面	瓦面	屋面西坡较完整，东坡东南面有1平方米缺失。正脊残缺筒瓦缺失30%，蝎子尾破损。北侧垂脊残缺不全。滴水损坏严重，仅1/3完整。
16	师佛仓西配殿	台基	石作	残损严重，压面石陡板石、角柱石踏步均不存。
		墙体	砌体	西墙体保存较好，外墙砖风化残破较严重。
			其他	角柱石、腰线石、挑檐石保存较好。
		大木构架及小木作	大木构架	梁架保存完整，五架梁弯曲明显，头部有些糟朽。
		屋面	椽望	脑椽、花架椽保存较完好。前檐椽、飞椽均已糟朽或缺无，破损严重。连檐、瓦口都已糟朽。望板仅余脑椽、花架椽上一部分，大部分均糟朽。
			装修	木装修移到檐步均为后做。
			瓦面	屋面塌陷，高低不平杂草丛生，板瓦破损50%以上，檐口也塌陷，滴水保存不到1/3。
17	师佛仓山门	台基	压面石等	压面石、踏步、角柱石、墩石、腰线石、挑檐石、石榻板均完整。
			门枕石	仅存1块。青砖铺墁的地面破损严重。
			石雕	槛墙石雕基本完整。砖砌台明风化酥碱严重。
		墙体	砌体	保存完整。
			其他	戗檐石雕花饰部分毁坏。博风头砖雕及悬鱼均保存完整。
		大木构架及小木作	大木构架	梁架保存完整。明间西五架随梁劈裂严重，通裂缝两条。东次间金檩劈裂严重，其余檩梁局部裂纹。墙内柱估计有糟朽，情况不详。
			装修	装修均为后期改制。
			椽望	屋面有大面积渗水，椽子糟朽达50%，望板糟朽达70%。连檐、瓦口全部糟朽。

序号	建筑名称	分部名称	分项名称	现状勘查结果
17	师佛仓山门	屋面	脊	正脊两头塌陷，残缺不全。
			瓦面	屋顶杂草丛生，瓦面破损严重，筒板瓦损坏达40%。勾头、滴水残缺50%以上。
18	师佛仓西偏房	台基	石作	东立面阶条石宽度不一，北边围墙挡住，均外闪，风化严重，且有4块已断裂。
			地面	室内原为方砖墁地，现杂土室内堆积，前檐现存方砖已基本全部碎裂。
		墙体	砌体	山墙及后墙用石块垒砌，现存为表面麦秸泥灰底、白灰砂浆面。
			其他	南山墙腰线石、角柱石保存完整（墀头三面保存完整）。挑檐石、戗檐石保存完整，角柱4块。
			廊心	廊步现存廊方砖心，但已抹为黑板，顶之拔檐保存完好。廊步下碱干摆砌法，但残损酥碱严重。
			墀头	墀头作法及干摆保存完整，现存刷白。戗檐砖为石板雕刻，挑檐石下设T形、V形雕饰。 墀头下之压砖板保存完整，但风化酥碱严重，边棱角呈圆剥落。 墀头下之压砖板下角柱风化，已剥落约7～10厘米。西立面墀头已更换，干摆砖已无存。
			砖作	檐柱外至山墙端部（压砖板下），廊步内现可看到为方砖心作法，周围条砖干摆约2.5块方砖（中半块）。 披水砖、博风砖、二层拔檐现状保存基本完整，但博风头雕刻砖东坡2块缺损，北立面悬鱼缺失，北立面博风砖西坡3块下部缺损，披水砖缺失4块。
		大木构架及小木作	大木构架	脊檩的随檩保存完好。上金檩、下金檩及随檩保存完好。檐檩保存完整，但檩内侧均顺长劈裂缝宽度1～2.5厘米。三架梁、单步梁、六架梁及随梁均保存完好。山面梁架为自然材，内露明，梁中砌墙封护柱子保存完整，前檐柱及金柱计8根，两山墙包裹4根，看到露明部分竖向劈裂，且柱根糟杇高度达80～90厘米。
			装修	现存檐柱轴线已被后人用窗门封护，以扩大室内使用面积（家庭用窗当时封护），原来廊步装修已无存。 现存廊步、金柱及六架梁之原木有装修之槛框卯及痕迹。
			木基层	椽子飞头除个别崩裂，尚保存较完好。 望板亦未见渗漏痕迹，两立面椽口、飞头、望板、连檐瓦口全部劈裂糟杇。
		屋面	脊	正脊为陡板蝎子尾清水脊，中部缺损约20厘米，条砖正脊保存较完整，北脊端蝎子尾已缺失。
			瓦面	瓦顶保存较完整，西坡丢失勾头17个、滴水10个，东坡丢失勾头8个、滴水24个。

5. 建筑现状存在问题描述

经现场勘察，现状综合描述为：

（1）基础和台基部分

①室外地面屡经修缮，缺失严重，表面较大面积破裂和残损。

②室内地面基本完整。

台帮、月台及室内地面经多次添加和修补，砖规格多样，风化酥碱严重；阶条石、踏跺及垂带等均有不同程度的风化；柱础石规格不一、60%缺棱掉角。

（2）木结构部分

① 局部木构存在脱榫现象。

② 多数木构件存在轻微裂缝和局部糟朽。

③ 木基层之飞椽严重糟朽变形，部分折断；连檐瓦口及望板85%以上糟朽。

④ 斗栱基本完好，少量三才升残损或斗耳缺失，斗栱栱件存在不同程度的劈裂、变形；个别小斗遗失。

⑤ 檐檩、金檩、脊檩存在不同程度的劈裂、糟朽、弯曲变形现象；穿插枋、额枋及大木梁架节点均有不同程度的拔榫现象，廊步插枋个别遗失。檐柱及槛墙内柱柱脚糟朽。

（3）屋面部分

① 屋面局部渗漏。

② 屋面瓦垄大量脱节，捉接灰、睁眼灰严重酥碱脱落。

③ 瓦件少量缺失，部分吻兽开裂或配件局部缺失。

④ 部分吻兽缺失或后期更换。

（4）装修部分

①板门槛框阳角严重缺损，局部地仗空鼓、油饰脱落；局部缺损。

②木装修隔扇心屉大部分为后期修缮时更换。

各建筑装修现状保存基本完整，局部地仗空鼓、油漆剥落。隔扇及槛窗存在不同程度的扭曲和变形。

（5）油饰彩画、壁画部分

外檐油饰彩画及墙体内壁壁画，风化退色较为严重，特别是连檐瓦口及椽头大面积空鼓脱落，部分椽飞彩绘脱色剥落。室内壁画由于人为因素的破坏，刮铲、乱涂乱画导致大面积画面残损和污染，部分画面脱骨。

6. 现状总体评价

（1）结构险情：建筑屋顶局部坍塌、渗漏，大木梁架走闪变形，墙体局部开裂、部分建筑基础不均匀沉降。

（2）由于白石水库的建设，惠宁寺除采取文物整体搬迁、易地保护外，已无其他更为有效的保护手段。

7. 价值评估

（1）文物价值

① 历史价值

现存的惠宁寺始建于乾隆三年（1738 年），有着近三百年的历史，是一处重要的历史文化遗产，凝聚了藏、蒙、汉三个民族工匠的聪明和智慧，而作为建筑本体不可分割的组成部分的大量壁画、石碑、铁钟等则表述了藏传佛教的发展历史和地方文化的历史变迁。

② 科学价值

具体而生动地反映了蒙古地区藏传佛教建筑技术的伟大成就。

③ 艺术价值

寺内壁画丰富，是研究宗教美术、绘画艺术、服饰、建筑工艺等艺术的重要实物例证。

（2）社会价值

惠宁寺昔日为宗教活动和集会场所，现今已作为当地人民群众休闲娱乐的重要场所之一。在"有效保护，合理利用，加强管理"的前提下，对惠宁寺实施易地迁建保护，可使其重要的文化价值再现光彩，同时发挥它的社会功能，实现其潜在的社会价值，将对建立和谐社会起到重大的推动作用。

（三）迁建保护工程方案

1. 惠宁寺迁建保护工程维修原则

（1）迁建保护依据

①《中华人民共和国文物保护法》及《中华人民共和国文物保护法实施细则》的有关规定。

②《威尼斯宪章》关于古迹保护维修的相关要求。

③《中国文物古迹保护准则》及相关问题的阐述。

④ 国家现行的设计规范和标准。

（2）保护原则

严格遵守不改变文物原状的保护原则，尽可能真实、完整地保存其历史原貌。在迁建维修过程中以本建筑现有作法为主要的修复手段。对于后期添加部分，在本次维修中予以纠正，恢复其原貌。

① 尽可能多地保存旧有建筑材料，尽可能多地采用当地传统材料和传统的工艺作法。

② 加固和补强的部分要与原结构、原构件连接可靠。

③ 不盲目增添新构件、清除无文物价值的近现代添加物。

④ 新材料、新技术要有充分的科学依据，必须经过试验和实践的检验其可靠性后方可实施。

2. 迁建保护工程总体方案

修缮性质：整体搬迁、易地保护

（1）地面与台基处理

地面按原作法拆墁；更换风化严重的压面石、角柱石、土衬石及好头石。

（2）大木构架处理

根据各建筑檐柱及墙内柱糟朽、虫蛀、劈裂程度确定处理办法，对无法承重的柱子进行更换或墩接，墩接高度视糟朽程度而定；对病害程度不严重，不影响承重的柱子进行挖补处理。

更换严重糟朽梁、檩、枋；加固修补金檩、脊檩糟朽角梁，归安错位梁枋；对劈裂严重的梁、檩、枋进行粘接，并用铁箍加固。检修斗栱，添配遗失的小斗。

（3）木基层处理

檐、飞椽全部更换，望板、连檐、瓦口全部更换。

（4）装修处理

检修所有变形的装修，更换遗失或严重毁坏的心屉，按照原式样重新制安后期修缮更改部分。

（5）瓦顶处理

揭取瓦面，新做连檐瓦口；依原规格式样补配残缺的勾头、滴水，依原式样重新烧制更换严重有渗漏隐患的筒板瓦件。

（6）油饰彩画处理

对原构件视油饰脱落程度，轻度退色的部位保持现状，严重退色及脱落的部位重新油饰。

椽望找补地仗重做油饰，山花及下架找补地仗重做油饰。

彩画采用过色见新；廊内采用保留修补和除尘封护；椽望找补地仗重做油饰；下架找补地仗重做油饰。

（7）防虫处理

对有虫蛀仍能承重的木构件，采用注射法杀虫灭菌，选择当地适用的药品，注入虫眼，使木构件较多地吸浸杀虫剂；对新做木构件可用同种药品浸泡。

3. 惠宁寺迁建保护方案

（1）山门

① 月台及台基

对山门月台及台基条石缺失的部分进行补配，配齐甬路石、海墁石、阶条石。修补风化的石材；更换折断的条石。殿内地面石重新铺墁。

② 墙体拆砌

按原作法对墙体拆除重砌。

③ 修配加固大木构架及小木作

对于糟朽长度不超过柱长三分之一的进行墩接，墩接后上环氧树脂两道；糟朽超过三分之一的檐柱等均予以更换。梁头有糟朽的予以更换；保存较好的，亦用环氧树脂加固。井字天花等木基层损坏严重的，要更换。各种椽飞部分更换，其余予以加固使用。望板全部更换。山门有板门六扇尚在，但需要维修；后三扇板门，门框等需要新制作安装。

④ 屋面瓦顶

屋面瓦顶全部重新瓦瓦。按古建筑修缮技术规范，在望板上作防腐油一道，再抹护板灰一道，然后打焦渣背，并抹一道青灰背，最后方可进行瓦瓦。瓦瓦的作法为：先瓦瓦后调脊的"压肩造"，以确保瓦垄的囊度。各种脊均按传统作法进行施工，配齐所有兽件。

（2）天王殿

① 台基

天王殿台基总体看保存较好，但个别石构件有损坏，因基础下沉亦呈断裂现象，所以搬迁后要做好基础，更换其残损断裂的条石，拨正条石使其归位；殿内外海墁应重新铺墁；按原貌恢复殿北面的踏垛。

② 修缮大木构架及小木作

该殿的大木构架保存较好，从整体上看没有走闪现象。构件糟朽现象亦不明显，糟朽长度不超过柱长四分之一的应进行墩接；梁头有糟朽的应进行更换或修补，然后用环氧树脂加固；保存较好的梁枋等构件，宜用环氧树脂加固；各种椽飞残损不超过三分之一者加固；残损超过三分之一者予以更换。

③ 墙体

搬迁时做好墙体的基础。重砌墙的形制、收分等按原貌依原作法进行施工。

④ 殿顶处理

瓦顶全部重新瓦瓦，按古建筑维修技术要求施工，在望板上施防腐油一道，抹护板灰一道，苫灰背、打焦渣背、青灰背，最后进行瓦瓦。能用的吻、兽件拆卸前要编号，对已毁的吻、兽件应配齐。

(3) 大殿

① 月台及台基

大殿月台、台基缺失的海墁石、阶条石、压面石等要按原样进行补齐。修补和粘接损坏不严重的石条,屋内地面现为水泥地面,内补青方砖。松动、移位搬迁时要归位、安稳。

② 墙体

大殿墙体较厚,拆时要注意墙的内墙,砌外墙时要注意墙体的收分。二层墙为荆条墙,拆除后要做防腐处理,然后归位。二层地面现为水泥地面,搬迁后应恢复砖地面,按传统方法处理,并做二毡一油防水于地面下。大殿墙上的壁画,先临摹,然后用化学方法渗透加固,再采用拆墙揭取的方法进行揭取。

③ 修配加固大木构架及小木作

大殿的木构架比较复杂,从整体看保存较好,但墙内的柱也有糟朽。在搬迁过程中,柱根糟朽不超过四分之一的要进行墩接。墙内柱子要进行防腐处理。对糟朽劈裂不严重的梁、枋,要用木条嵌补严实,用环氧树脂粘接;将二层的栏杆、栏板按图纸雕刻,补齐;楼梯、门、窗,损坏的较为严重,能修的进行补配。不能修补的要进行更换制新。椽飞糟朽超过四分之一的要进行更换,望板全部更换。

④ 殿顶瓦作

对殿顶保存较好的一些吻、兽及其他装饰构件要精心拆安。对缺损和后来换的构件要重新烧制安装。瓦顶全部重新瓦合,按古建筑维修技术要求先抹护板灰一道,墁灰背,打焦渣背,抹青灰背,最后进行瓦瓦。

(4) 藏经阁

① 台基

台基拆砌归安后,散水及室内地面重新铺墁青砖,阶条石残破严重的应予以更换。

② 墙体

墙体在拆除前,墙内壁画需请有关专业人士临摹、揭裱,并按古建筑要求将壁画揭取、修补、安装。

③ 木结构

木结构需要编号拆除,有裂痕的构件应用环氧树脂进行加固有,弯曲破损较重的构件应进行更换,柱根糟朽不超过四分之一的要进行墩接。墙内柱要进行防腐处理。椽飞糟朽的需要更换,望板全部更换。

④ 屋面瓦作

屋面瓦瓦按古建维修技术要求,应用传统的"压肩"造的作法进行施工,以确保瓦垄的囊度。破损的瓦件全部更换。

（5）七间殿

① 台基拆砌

采用毛石砌筑基础，按基础结构施工图设计施工。基础砌筑后，进行房心回填土（分层夯实）。对缺失的压面石或陡板石，应按其相应的层面、尺度予以补齐。

在操作时，注意地阶条（即压面）石里口下面要用大麻刀灰锁浆口，之后灌"桃花浆"，最后用笤帚守缝扫严。

台基与室内地面的铺墁应按古建地面方砖铺墁操作程序予以施工，四周泛水为 2%。

② 大木构架及小木作

在拆卸木构架（即落架）前，应对柱根、柱头的有无糟朽，柱表面风化的程度，木架的榫卯是否牢固，仔细观察，并对木装修和彩绘施以保护措施。对于劈裂的大木构架可直接用铁箍加固；若埋入墙内的柱子糟朽未超过四分之一的进行墩接（即阴阳巴掌榫）；对于表皮的糟朽可采用挖补的方法。对于柱子细小（即小于 0.5 厘米）的轻微裂缝，可用环氧树脂腻子堵抹严实；大于 0.5 厘米宽的裂缝，可用木条粘牢补严，大于 3 厘米（即在其构件直径四分之一内）宽且深达柱心的，在粘补木条后，并视其裂缝长度加铁箍 1～4 道；且对于超出物件直径四分之一宽的裂缝，应予更新构件。

望板、椽、飞更新 85%。

整扇拆安门窗。补齐荷花叶墩。穿插枋，抱头梁等构件，在安装前对其检查无疵后，可按原样安装。在柱与柱、檩与檩等构件之间除视其糟朽程度，用铁活加固外，还可设铁板椽二道加固；而对隐蔽易腐的构件，应先用桐油浸泡；欲更换新构件必须先做"断白"处理；在吊装柱后宜在暗柱的周围，应用苇帘包缠，以保持通风。

望板上应刷一道防腐油。

③ 墙体拆砌

在墙体拆卸时，严禁挖根推倒。凡是整砖整体的一定要一块一块的拆卸，拆卸后应分别存放，并注意保护好雕刻部位的构件。要求"砍磨对缝"及廊心墙的方砖砌体须整体拆卸。

对砖雕缺失部分，应参照现有的、完好的构件补齐，如：廊心墙的方砖、立八字的缺失，隙缝槛墙，以及柱（抱框）的石条、石质窗塌板等均应恢复。堵好"透风"处的四块陡板石，各砌置一块有透雕花饰的砖，做好墙的签头即"墙肩"的处理。

④ 殿顶瓦作

按古建修缮技术要求，进行屋面瓦瓦。采用传统的先瓦瓦后调脊的"压肩"造作法进行施工。补齐缺损的筒板瓦、勾头、滴水、博砖、吻、兽等构件或材料。

对于能利用的瓦件、吻、兽件一律用青灰水打浆浸泡后，方可使用。为防止殿面长草，改过去的泥背为焦渣背，依次的工作顺序为：2 厘米白灰护板灰；扎实后打 8 厘米厚的焦渣背，再抹 0.5 厘米厚的青灰背；最后用细焦渣背瓦瓦。瓦头应用青麻刀灰瓦合确保灰浆的养生期、时效期，在吻、兽、正背处应设置暗桩。

(6) 角门

① 台基

台基已全部下沉，搬迁时，按设计图纸用新构件制安。

② 梁架

梁架保存较好，但对于嵌入墙内的柱子，糟朽还超过柱长四分之一的进行墩接，糟朽超过柱长工四分之一的，应予更新构件；对于轻微劈裂的构件，应采用相应修缮措施。

檐椽、飞椽予以新件制安 40%，望板应全部更换，门簪按原貌复位。

重铺望板加涂防腐油一道。

柱础按原样归安。

③ 墙体

"磨砖对缝"的砌筑尽量整体拆卸，以保持原貌。

(四) 屋面

筒板瓦、勾滴部分更换，另外在护板灰上打焦渣背以防止屋面生草。

参照东角门，恢复西角门。

(7) 钟 (鼓) 楼

① 台基

台基石材全部进行挠洗后，翻面使用，阶条石有折裂、风化的，可更换五分之一，然后重新归安。地面方砖要先进行砍磨后，用石灰水浸泡 4 小时，待增加强度后，全部重新铺墁。

② 大木构架及小木作

大木构架进行整体加固。加固方法采用传统作法与现代方法相结合进行。对于自然裂缝不超过 1 厘米的，用腻子进行封护；对于其超过 1 厘米的，要加木楔填塞，然后用环氧树脂进行加固。糟朽未超过原件长度四分之一的采用墩接法进行修配。梁、枋等构件糟朽不严重、裂缝不长的，可用木条填塞，用环氧树脂腻子勾缝、补漏。木基层，如望板大小连檐全部重新制作。由于上檐望板及瓦面残破较严重，上檐椽子全部更换。上檐廊柱间的穿插枋要按原状配齐。上檐内檐装修的，如：上下槛、走马板等重新全部配齐。装修隔扇等按设计制作及安装。木地板全部重新制作安装。外廊地面亦按原样施工，用白灰砂浆铺墁。扶梯修补、加固后继续使用。

③ 屋面瓦作及墙体

屋面残损严重，瓦件、勾头滴水部分更换，脊兽更换，搬迁恢复时应按传统作法：在望板上涂防腐油，抹护板灰，然后上灰背；灰背上打焦渣背，最后再进行瓦瓦。屋面拆下的筒板瓦要尽量予以利用；新瓦件要浸石灰水。全部脊饰应重新烧制。兽件更换一件。墙体按原样砌筑。

（8）东西配房

勘查发现，该房属惠宁寺等级不高的古建筑。其建筑年代，根据装修情况反映亦偏晚。大木构在用料方面亦不太严格，现状残损也比较严重。迁建该房。

① 台基

更换其损坏的条石，使其偏离的归位。将海墁重新铺设。除踏垛外，应恢复垂带、象眼。

② 大木构架及小木作

落架查出糟朽构件，糟朽超过原件长度四分之一的予以更换，未超过原件长度四分之一的要进行补接、加固。各种椽飞至少按三分之一更换，望板要全部更换，并予防腐。

外装修要按图纸恢复到传统的门窗式样。

③ 墙体拆砌

墙体拆除后，按原作法重新砌筑。

④ 屋顶处理

瓦顶全部重新调脊瓦瓦。屋面除按传统工序逐项进行外，原灰泥背改做焦渣脊，避免屋顶生草。

（9）月亮门

① 门地面4厘米厚的土衬石应更换新构件。

② 素面半圆形的石券，应按其过河撞券、龙口、券脸、撞券和角柱石的相应层位砌筑归安。

③ "鸡嗉檐"和瓦顶筒板瓦及沟头滴水按要求更换。

④ 墙体砖保存较好，迁建时，应尽量整体（块）拆卸。不足部分原样补砌。

（10）药王、书写殿

① 台基

补齐残损严重或缺失的陡板石；地面重新铺墁。

书写殿台基北两侧的压面石缺失，按原样补做、安装。

② 墙体拆砌

按原作法重新砌筑墙体；博风砖的残缺部分补全。

③ 大木构架及小木作

拆建更换糟朽严重的木柱；对糟朽长度不超过柱长四分之一的采用巴掌榫作法予以墩

接，再加铁箍两道加固。若采用齐头墩接作法，接口处须加一道宽 100 毫米、厚 5 毫米的扁铁箍予以加固。

对糟朽、劈裂不严重的构件用环氧树脂加固。重新制安望板及连檐瓦口，补齐不足的望砖；椽、飞部分更换。

书写殿梁架在加固后，拆除支顶木柱，更换大梁。

隔扇应整扇拆落，修补后应归安方正。其接缝要回楔重新灌胶粘牢。

④ 屋面瓦作

殿顶应重新瓦瓦。抹护板灰一道；然后夯打焦渣背；再抹青灰背一道。其瓦瓦的具体作法为：先瓦瓦后调脊的"压肩"造作法，以确保瓦垄的囊度。配齐所有的兽件。

(11) **武王殿、五佛殿迁建方案**

① 台基

台基在拆除时，应逐一编号，使每一块条石均有其固定的位置，以备安装归位；对风化、破损较重的构件，均应重新制作与安装；对于破损不严重或能粘接的，用环氧树脂进行粘接，继续使用。

② 墙体拆砌

拆除墙体时，要注意保护有雕刻部分的构件，并予以编号、包装，以免损坏如角柱石、压腰石、挑檐石等。墙体及地面原砖块缺失的均用新烧制的青砖补齐，按原作法重新砌筑。

③ 大木构架及小木作

隔扇四框的抹头榫卯松脱，在修理时应整扇拆落，归安方正；接缝时应加楔重新灌胶粘牢；最后在活扇的背面加钉铁三角和铁丁字（铁活应嵌入边梃内）；其边框和抹头的局部劈裂糟朽均应钉补牢固。

拆建更换糟朽的木柱；对局部破损的梁、檩等均采用同类的旧料予以修补。小件施用环氧树脂或高分子的材料，其大件用玻璃钢箍或用角钢、螺栓等的办法补强。对于隐蔽及易腐的构件使用桐油予以防腐；暗柱的周围须加苇帘使其保持通风。

在施工中，尽可能地利用原构件，如需换新构件，应先进行断白等处理。

④ 屋面瓦作

按现有烧制。其正脊、垂脊、吻、兽、勾头、滴水等均按设计图纸烧制。其筒瓦、板瓦要统一规格、统一烧制。对椽飞、望板要进行防腐处理。上抹护灰、打焦渣背、青灰背；旧的瓦件必须先用青灰浆浸泡后方可使用。

(12) **东配殿**

① 基础及台基

基础采用毛石砌筑，按基础施工图设计施工。基础砌筑后用土回填夯实，按金箱斗底槽布置。在毛石基础上浇铸钢筋混凝土地圈梁，在地圈梁上安放柱础以及砌筑砖墙。台明、陡板、压面石、踏跺等构件，应按新设计的图纸制作安装。

② 墙体拆砌

墙体的损坏比较严重，后期有补砌。新砌的墙体应用新烧制的砖按原砌法重新砌筑；用旧砖代替土坯衬里。

③ 大木构架及小木作

迁建时，更换所有柱、额枋、板枋；对局部破损的梁、檩用同种旧料修补，用木钉钉牢。施工中尽可能利用旧件，必要时可采用环氧树脂或其他材料加固。更换新构件应予以断白处理。

檐椽、飞椽、望板要全部更换，望砖少部分能继续使用，大部分需要重新烧制与安装。

隔扇设计参照藏经阁的隔扇而设计，明间复原六抹头隔扇门 4 扇；次间复原四抹头槛窗 8 扇；但施工中可以从简。斗栱、雀替劈裂可采用环氧树脂予以加固。

④ 屋面瓦作

按现有构件的式样、尺度，参照惠宁寺的大殿风格对正脊、垂脊、吻、兽、勾头、滴水重新设计、烧制、安装。其筒瓦、板瓦应统一规格、统一烧制。

（13）关公殿

① 台基

补齐关公殿缺失的台基、踏跺以及海墁石。殿内的地面须重新铺墁，更换坏的铺地砖。

② 墙体拆砌

拆除墙体时。应注意保护其饰有雕刻的部分，且做好其编号、记录，防止损坏。

保护好墙上的壁画，其壁画应请专业人员进行临摹、揭取、复制和加固，并且安全搬迁归位。

③ 大木构架及小木作

迁建时，须更换全部望板；椽、飞部分更换，应按旧样补齐。对于糟朽、劈裂不严重的梁、枋可用旧木条嵌补严实，并用胶粘牢。糟朽严重的要更换。

对于墙内糟朽的柱子，在不超过柱长四分之一的，可采用墩接法予以墩接。

新换的构件作断白处理。

补齐隔扇门、槛窗缺失的构件。

④ 屋面瓦作

屋面的瓦瓦，应按古建筑的修缮技术严格执行，且采用传统作法进行施工。配齐所有缺损的跑兽等构件；旧瓦件在用青灰浆浸泡后方可使用。

（14）弥勒殿

① 台基

弥勒殿台基所缺失的压面石要按旧件凿制归安、铺地方砖应重新烧制再按设计图进行铺设。

② 墙体拆砌

拆除墙体时要注意保护雕刻部分，特别是墀头应整体搬迁，补齐缺失砖石，拆下的青砖代替碎石衬里，外墙砖统一烧制。

③ 大木构架及小木作

弥勒殿望板需全部更换；椽、飞需更换的要按旧样补齐，劈裂不严重，可用旧木条嵌补严实用胶粘牢；梁、檩的劈裂可用玻璃钢箍、下角钢、钢夹板、钢螺、钢拉扯等办法补强亦可采用化学材料加固。隐蔽易腐的构件，用桐油浸泡，暗柱周围加苇帘保持通风。

隔扇修理应整扇拆落，进行归安方正，接缝处重新灌胶粘牢；最后在门窗扇背面接缝加钉"└"形和"┳"形薄铁板加固，铁板应卧入边梃内与表面齐平，用螺丝钉拧牢。

④ 屋面瓦顶

屋面瓦瓦需按古建维修技术要求，施护板灰一遍、苫灰背、打焦渣背、抹青灰背后方能进行瓦瓦，能用的吻、兽件拆卸前要编号，对已毁的吻、兽件应配齐。

（15）石佛仓大殿

① 月台及台基

大殿台基、月台有拆除时，要逐一编号，使其每一块条石都有固定的位置，以备安装归位。对风化、破损较较严重的条石、应按相应层位的条石尺寸予以更换。

② 墙体拆砌

拆除墙体时，要编号、记录，注意保护有雕刻部分的构件，以免损坏；角柱石、腰线石、挑檐石保存基础完好，拆除时应注意保护；对砖雕缺损的部分，应按现有的完好的构件补齐；恢复槛墙。

③ 修配加固大木构架，添配小木作

在拆卸中应注意编号、记录。如发现封砌在墙体的檐柱糟朽较重的，应进行更换，不超过原件四分之一的进行墩接，墩接后上环氧树脂两道；梁头糟朽的要进行更换，保存较好的亦应用环氧树脂加固；望砖破损断裂的进行更换，各种椽飞部分更换；补齐格扇门、窗、槛、框等缺失的构件。

④ 屋面瓦作

屋面全部重新瓦瓦，严格按古建筑的维修技术要求，采取传统作法进行施工，配齐所有缺损的构件。

（16）东、西配殿

① 台基

东配殿的台基残损严重，位移的原位归安。

西配殿台基应按原层位、原材料、原样式重新归安方正。

② 墙体

东配殿墙体保存较好，对风化的砌体，应用新烧制的青砖，重新砌筑。角柱石应更换三分之一新件。

对于西配殿的部分风化的墙体，应补充相应部分的材料。对于角柱石、腰线石、挑檐石应在拆卸洗挠后，重新归安。

恢复槛墙的丝缝、榫头的"磨砖对缝"的砌法。

③ 大木构架及小木作

东、西配殿梁架保存基本完好，但嵌入墙内的柱子呈糟朽现象，对糟朽超过柱长四分之一的予以更换构件。

东、西配殿的望板部分更新，橡、飞有部分残损予以更新，走马板、门、窗等全部按原形制制作安装。

④ 殿顶

东、西配殿筒板瓦部分更换，勾头、滴水部分更换；砖、石雕损坏的部位应按传统作法与设计重新补制。

其他未涉及到的方面以及应更新构件的部位的施工修缮，以传统作法进行施工。殿顶的瓦瓦，用"压肩"造作法，补齐缺损的木构件。石、瓦件等。

（17）东石佛仓山门

① 台基拆砌

按基础结构施工图设计施工。采用毛石砌筑基础，基础砌筑后，进行房心回填土，在此基础上浇捣地圈梁。在重新砌筑台基时，应按其原层位、原尺度，尽量用原材料、原构件，对残损的石构件，予以补齐并归安门枕石。

室内地面应为30厘米×30厘米×5厘米的方砖铺墁。施工时，应按古建筑地面方砖铺墁的操作程序予以施工。

② 大木架及小木作

在落架前，应先查看柱根、柱头的糟朽程度，柱表面的风化程度、木架的榫卯是否牢固。拆卸时，并对木装修加以保护。对于劈裂的大木器构架可直接用铁箍加固。对于柱子糟朽严重的，可采用"刻半墩接"的方法，对于超出柱长四分之一裂缝的，应予以更新构件，但应先"断白"处理。在柱子吊装后，应在柱的周围，用苇帘包缠，以保持通风。

望板、椽飞部分更换，望板上涂防腐油一道。

按设计要求制安隔扇、槛窗，相应添置上、下槛及抱框、窗塌板、荷叶墩、荷叶栓斗及门栓杆等构件。

③ 墙体

在拆卸墙体时，严禁挖根推倒，凡是整砖应一块一块拆卸，按类分别存放，并注意保护雕刻和木装修的构件，尤其"磨砖对缝"的砌体，尽可能做到整体拆卸。

对砖雕、石雕缺失部分，应参照其他配殿相似相近的，补配安装。

④ 殿顶瓦作

补齐缺损的筒、板瓦、勾头、滴水、博缝砖、吻、兽等构件或材料。

对于尚能使用的瓦件、吻、兽件一律用青灰水打浆浸泡后，方可使用。为防止殿面长草，改过去的泥背为焦渣背，其依次的工作顺序为：2厘米白灰护板灰，扎实后打火机80厘米厚的焦渣背，再抹0.5厘米厚的青灰脊，最后用细焦背瓦瓦，瓦头应用还需麻刀灰瓦合。但绝对要保证灰浆的养生期、时效期。在吻、兽、正脊处应设置暗桩。

4. 施工要求

（1）建筑构件编号

所有建筑在拆卸前都要进行详细的编号，利用设计图纸标注各建筑构件的号码，写在实物原物上。柱、梁、檩、枋、础石，以构件为单位，每件一个号码。斗栱以朵为单位，栏杆、倒挂帘、隔帘门窗以间为单位，翼角椽飞、月台条石以面为单位，瓦、脊、吻兽、博缝、墀头以组为单位，分别按总号和分号编序。

（2）构件包装

重要的建筑构件要进行包装，其中带有彩绘及雕塑构件要随拆随包装。砖瓦等可用草绳捆绑，砖石雕等构件要装草袋。带彩绘的构件要用草廉、布包裹好，素面石构件可用草绳捆扎，石雕必须用草帘包裹。

（3）运输

运输过程中要特别注意保护建筑构件的完好，车厢内要充填柔软材料，行车要平稳，运到现场后要按规划的单元分别安放。

（4）现场码放

拆卸下来的建筑构件如砖、瓦、石、木料等需在现场临时码放，因此拆卸前要清理现场，留出场地，搭存库房、临设棚，将带有彩画的梁枋、石雕、砖雕等构件包装好，置入库房内保存，防止风吹雨淋及暴晒。

（5）壁画与彩画保护

先由美术工作者按原样临摹，然后用化学方法将壁画加固，再采用锯取与拆墙揭裱相结合的方法分块揭取下来，妥善包裹编号后装箱，对各建筑的彩画进行修补，木构件进行油饰。

（6）基础处理

因地质情况的改变，迁建后的建筑基础应按基础设计图施工（不再按原基础或者建筑基础的迁建方案施工）。

（7）对大木构件的修配

在搬迁过程中，柱子糟朽超过原长度四分之一的要更换，没有超过的墩接后再使用。对糟朽的梁枋要更换，对劈裂不严重的要用木条嵌补严实，并用环氧树脂加固。门、窗等不能修补的要进行新制。

（8）防水

寺内各建筑屋顶、望板、望砖上，均采用现代的防水作法，大殿及钟鼓楼二层露天地面、地板上铺地砖，下做二毡三油防水。

表七　施工过程明细表

（一）方案实施要点

实施项目名称	分项实施要点
惠宁寺师佛仓	1. 木构部分 对变形构件和节点进行适当调整、加强；对劈裂修补、加固；对糟朽进行墩接或更换、修补；对补配的新构件进行防腐处理。 2. 台基地面 清洁、封护残损或风化石构件重新铺装；补配缺失的部分。 3. 墙体墙面 衬里墙体新材填充；墀头整体拆除，局部剔补；内部墙面重抹；缺楞掉角等不影响受力的砖构件不更换不修补，保持现状。 4. 木基层 更换全部檐椽和飞椽及连檐瓦口，望板重新制安。 5. 装修 门窗更换残损严重棂条及缺失的抹头仔边等部分；槛框拆修安。 6. 屋顶瓦面 重新苫背并加设防水层；重新瓦瓦；添配和修补瓦兽件。 7. 壁画保护 画面清理并编号分块后，对画面实施临时保护措施。采用拆墙方式揭取壁画，包装运至室内，进行除尘、加固和局部修复；墙体砌筑过程中预留铁件，壁画板安装就位。 8. 油饰彩画
院落整治	甬路及地面拆除，重新铺墁。
排水系统	排水系统重新设计和完善。
后山坡整治及周边环境治理	北墙至山坡之间清理出缓冲地带，缓冲地带内植树；砌筑环形明沟排水；对山坡坡体整治以防止水土流失，坡体下部另行设计毛石防护挡土墙。

（二）分期实施计划表

序号	分项名称	实施计划	备注
1	惠宁寺单体建筑解体落架	2002 年	全部落架，构件运输到指定的安全场地
	新址各建筑基础施工		基础开挖、基础砌筑
	部分建筑大木构架安装		书写殿、药王殿、天王殿
2	构件修缮及制作	2003 年	除以上三座外，其余建筑全部安装
	大木构架安装		
	墙体砌筑		所有大木安装完毕的建筑完成墙体砌筑
	部分建筑屋面瓦瓦		大殿、书写殿、药王殿等
3	部分建筑屋面瓦瓦	2004 年	
	地仗及油饰彩绘		
	围墙		
4	附属工程	2005 年	消防、避雷、挡土墙等
	实施期限	2002～2005 年	

（三）公共设施建设及环境保护总体方案

序号	项目名称	方案说明
1	整体给排水	完善寺院内排水系统；寺墙与山体之间缓冲地带上增设排水系统
2	供电系统	按相关专业要求设置和完善整体供电系统。
3	火灾报警及消防设施	按专业要求进行配置和完善通讯设备、消防设施及设备
4	安全防盗设施	按相关要求配置安全防盗设施
5	避雷设施	由专业部门设计寺庙整体的避雷防护设施
6	环境保护	按规划设计要求对寺内外环境进行综合治理
7	环保公厕	增建环保公厕一处

（四）惠宁寺迁建保护工程的组织管理

1. 迁建工程领导小组

负责协调与水利厅及地方政府之间关系，指导搬迁重建工作。

2. 惠宁寺迁建工程办公室

（1）安全管理

由迁建工程办公室主持组建了迁建工程安全管理机构，加强对施工现场及作业安全的管理，管理的主要内容和范围包括文物安全、生产安全和卫生与健康等方面，并制定了防范安全隐患的具体措施和应急预案。

① 监督和检查施工单位的安全生产责任制度，协调和统一现场安全管理组织机构，确保文物本体和构件的安全。

② 要求乙方在施工区域内设置永久性安全警示标语、标志，在施工现场有安全施工标牌。督促乙方创造安全的施工及作业环境，坚持以"安全第一，预防为主"为原则。

③ 关心各方现场施工和管理人员的健康及生活状况，定期对施工现场、宿舍及食堂的卫生状况进行检查，发现问题及时要求乙方整改和完善。

（2）文明施工管理

迁建保护过程中，迁建工程办公室组织监理单位、施工单位共同制定了"文明施工管理规定"，管理内容涉及环境保护、生态保护、文明施工等诸多方面。对现场的所有单位和人员进行文明施工教育，保证现场生产、生活"有序、卫生、文明、和谐"。

（3）质量管理

① 协同监理单位建立质量管理和检查机构，建立健全各级人员质量责任制。

② 会同监理单位定期对乙方技术资料的及时性、准确性进行监督和检查，确保文物记录档案的真实性和科学性。

③ 会同监理单位定期对乙方在施工过程中解体构件的保护措施进行检查和指导。

④ 协同监理单位要求乙方对进场使用的主要材料，必须提供产品合格证、实验报告等相关质量保证资料，确保合格物资进场。

（4）文物保护措施管理

① 要求施工单位组织现场施工人员认真学习《文物保护法》，贯彻落实《文物保护条例》，加强文物保护意识。

② 开工进场后，要求施工单位结合实物现状分析原建筑形制、工艺、特征，制定出完善的、具体的保护措施。

（5）文明施工管理措施

① 建立和健全环境保护管理制度，定期进行巡视检查，发现问题及时解决。

② 要求施工单位在入口处设现场施工标牌，施工平面布置图、环保管理制度、现场文明施工管理制度等。

③ 定期对乙方的职业道德、遵纪守法情况进行检查，树立文物保护管理形象。

（6）环境保护管理措施

① 会同各有关单位对现场工人进行环保知识教育。

② 严格禁止现场燃烧物料或排放烟尘。

3. 监理管理

为了使惠宁寺在迁建保护过程中在有序的监督管理环境下使文物建筑得以最大限度的保护，辽宁省文物考古研究所委托河北省古代建筑保护研究所对惠宁寺迁建保护工程进行监理，监督和管理专项保护资金的合理使用，同时为有效地保护藏传佛教这一历史文化遗产发挥积极的作用。

监理工作的主要内容包括：协助惠宁寺迁建工程办公室审查相关设计文件、控制工程质量、进度和施工资金使用、收集和完善各种保护技术资料，同时加强整个迁建过程中的信息管理、合同管理，同时协调工程有关各方的工作关系和利益等。

（1）解体阶段的监理

①严格按迁建保护工程方案的解体要求进行监督解体，控制解体的范围和内容。

②解体前，审核和批准施工单位编制的文物解体方案。

③在文物解体前，对解体对象的稳定性进行检测，督促承包单位制定和落实防止意外事件发生的有效措施，确保文物安全。

④整个解体阶段实行旁站监理。

⑤及时整理出文物解体记录。

（2）文物保护措施的监理

①在整个施工过程中，实行全程监理，认真作好现场监理记录。

②重要的分部、分项工程和隐蔽工程施工时，实行旁站监理。

③凡是进入下道工序后可能掩盖上道工序的施工，在上道工序完工后，及时会同业主、施工单位及有关各方共同对该工序进行验收。确认合格后，批准进入下道工序。

④监督对解体的文物对象实施的所有保护措施。

⑤审查和批准所有用于文物本体的物理、化学材料的进场和使用。

（3）归安阶段的监理

①对承包单位提交的文物各部位归安的具体实施方案与已经批准的施工组织设计中的归安方案进行比较，审核有无变动，并将审核结果报总监理工程师签认。

②及时对更换、修补、加固的文物各部位规格、质量进行复核，合格的予以签认。

③对于带有雕刻或纹饰及壁画、彩绘的文物对象，监理工程师应现场监督，检查承包单位对文物对象各部位的预归安。

④在检查文物对象归安过程中，发现存在重大质量隐患的，可能造成质量责任事故或已经造成质量事故时，监理工程师应及时报告总监理工程师下达工程暂停工令，要求承包单位整改，签署停工令宜事先通知业主。整改完毕后，经监理工程师复查符合规定要求的报总监理工程师签署工程复工令。

（4）工程质量控制

依据《文物保护法》、《中国文物古迹保护准则》和建设部 1991 年发布的《古建筑修建工程质量检验评定标准》及施工合同相关技术条款实施修缮质量管理，严格要求乙方按照招投标文件和惠宁寺迁建保护工程施工方案进行施工，并根据施工具体情况及时通知设计单位调整方案，以确保迁建工程的总体质量。

①监督施工单位实施的技术方法和措施与迁建技术文件及文物保护原则的要求相符合。

②严把原材料质量关，严格执行见证取样和送检制度，坚决杜绝不合格材料进场。

（5）工程进度的控制

施工前要求承包单位报送施工总进度计划，同时要求承包单位按照工程情况按时报送阶段性施工进度计划，并签认执行。

及时检查计划进度的实施，并及时记录工程进度及有关情况，对进度加快和滞后情况及时协同迁建工程办公室采取相应措施。

（6）项目资金的控制

及时对承包单位当月实际完成工程量和计划工作量进行比较和分析，同时制定切实可行的调整措施，并在每月的监理月报中向迁建办公室报告。

对承包单位提交的工程量清单进行核定，同时办理工程款付款证书签证手续。

（7）迁建记录档案管理

要求乙方在解体、修缮与归安过程中，每一道工序必须随时用文字、图纸和照片进行现场记录，并定期对记录档案进行检查和监督。

（五）惠宁寺迁建保护工程技术总结

惠宁寺迁建保护工程从勘察、设计、落架迁出、修缮安装以至工程峻工，我们始终本着对文物负责、对历史负责的态度进行管理，尽可能多地保留其整体的历史信息，严格按照"原作法、原形制、原材料、原工艺"的原则实施修缮，保证文物三大价值的充分体现。

1. 解体前的准备工作

（1）严格按迁建保护工程方案的解体要求进行施工，严格控制解体的范围。

严格按照资料管理规定建立解体过程的记录档案。确保落架资料的准确性、完整性和及时性，为进一步落实好修缮方案打下了良好的基础。

（2）切实采取有效措施，对文物本体及构件进行安全防护和临时加固。

2. 解体

严格按照迁建保护工程方案和审批的施工解体方案进行，对解体范围和内容进行严格控制，同时完善各种文件的审批程序。

（1）大木构架部分

① 柱子

根据各建筑檐柱及墙内柱糟朽、劈裂程度确定处理办法，对无法承重的柱子进行更换或墩接，墩接高度视糟朽程度而定；对残损程度不严重，又不影响承重的柱子进行挖补处理。

② 木构加固

对错位的构件以牵引或支顶手段将其复位，并在必要的构造位置添加钢板连接拉扯。

③ 木构件挖补

对局部糟朽的木件将糟朽部分剔除，以相同材种的旧木材补齐缺失部分，并用改性环氧树脂粘接牢固。

④ 木构件保养

对开（劈）裂缝在1厘米以上的木构件做楦缝处理，并在楦缝表面随构件颜色调配色油刷饰；室内露明椽望均做二道桐油钻生处理。

⑤ 防霉、防腐、防虫处理

采用试验室推荐的木材防霉、防腐剂木构件表面进行处理，使其长期不受真菌侵蚀。

（2）大木修配及安装

木构件落架后迁入新址保护棚，所有构件都经过甲方、乙方、监理现场共同鉴定确认。对于严重糟朽的（如柱类）或搭接部位破损，影响承重的（如梁头等）构件，全部进行更换补配。在配换构件时，对原有构件的结构特征、材料质地、风格手法等均进行了认真的研究，严格按原样进行配换。

惠宁寺在此次修缮过程中，要求新制柱子必须加管脚榫，外表直顺，收分准确，截头平整。

对于未更换的构件，轻度缺陷分别采用了楦缝、包镶及墩接等不同处理方法，剔补必须剔到新茬，用旧件修复旧件。粘接剂使用环氧树脂加固化剂，以适量丙酮作为稀释剂，在使用时均随用随调，一次用完。粘接部位做到严、实、无空鼓，外观上与旧件接槎直顺、自然、无疵病。

在梁头部位，除修补外，另加铁件进行加固，并将铁箍嵌入，与梁外皮平。

柱子墩接均采用阴阳巴掌榫，除使用粘接剂外，又用紧线器进行拉紧，墩接完成后，打铁箍两道。

（3）石作

对残损严重的石构件予以补配；对部分缺损和风化较为严重的石构件进行剔凿挖补；对外观基本完整但已断裂的石件进行粘接，粘接材料配方由试验确定。

（4）瓦作

① 屋顶重新调脊、瓦瓦。

② 瓦、兽件破损所引起屋面渗漏，对木构架造成了严重的威胁，因此对残损严重或开裂的脊、瓦、兽件全部更换。

③ 依现存规格和式样补配缺失的勾头、滴水。

（5）地面

室内、廊步地面及月台地面全部揭取后，去除后期添加或严重残损的部分，补齐缺失的方砖或石板，按原作法重新铺墁，钻生养护。

（6）木装修

① 更换遗失或严重残损的门窗扇或心屉，并按原式样重新制作安装。

② 新制作的木装修扇、芯等净面后必须用砂纸打光，做到平、光、直、圆。

（7）壁画

惠宁寺内大面积的壁画反映了藏传佛教的发展史和地方文化的历史变迁。为此，在迁建过程中，壁画保护工作亦成为了本工程的重点内容之一。

为确保施工质量，施工方聘用了具有丰富经验的专业人员，根据不同情况采用科学方法，最大程度保护了惠宁寺的壁画。

① 施工工序

按壁画揭取的先后顺序，此项工作大致分为以下几个步骤：

a. 除尘清洗

范围包括藏经阁、关公殿的全部壁画，方法是：用湿毛巾将画面尘土吸去。

b. 分块、绘制关系图

为最大限度的保存原有画面，在分块前先进行充分的现场研究。对重要部位经报请设计方及监理工程师检查和认定后，绘制分块尺寸图和关系图。

c. 酥碱处理

以配合比为5％的白乳胶水溶液为加固材料，（即水：白乳胶＝20∶1）。用注射器对酥碱严重部位进行注射。待完全渗透后，再注射配合比为10％的白浮胶溶液。

d. 粘补处理

采用配合比为10％为白乳胶兑水。

e. 刷胶矾水

选取藏经阁东山墙、东北下角高 90 厘米，宽 65 厘米处做第一遍胶矾水试验，胶矾水配合比为 2%（即胶：矾：水 = 2：3：100），经 24 小时后，进行检查，无异样，即可进行大面积刷，配合比仍为 2%，同时进行第二遍刷胶矾水试验，但配合比增加为 4%，24 小时后，经观察无异常时，进行大面积刷，配合比为 4%，干燥后，发现在藏经阁西山墙北侧边缘部位有少量卷曲现象，经研究，属酥碱不牢现象，对此，采用 10% 白乳胶处理。

f. 按分块尺寸制作揭取台架和揭取板。

g. 刷胶矾水

涂刷三遍胶矾水，配合比为 4%。

h. 壁画贴纸

所用材料为毛头纸、配合比为 35%（即水：浆糊：矾 = 100：35：4）浆糊，浆糊。而后，进行纸上贴布处理。所用材料为豆包布，浆糊，浆糊配合比为 40%。

i. 揭取

沿分块的尺寸线进行开缝，将揭取台板固定在待揭取的壁画表面，随着外墙体的拆除不断对揭取板进行背面加固，在外墙拆除完成后，放下揭取板。

②壁画落地情况记录

a. 藏经阁

藏经阁在后檐墙及东西山墙均绘有壁画，分块后，共产生 16 块壁画。分别编号为北 1～4 号、东（西）1～6 号，具体落地状况如下：

北 1 号：高 289 厘米，宽 150 厘米。空洞位置距下锯口 22 厘米，距东侧锯口 15 厘米；空洞尺寸高 21 厘米，宽 23 厘米，用黄泥补修。

北 2 号：高 290 厘米，宽 120 厘米。空洞位置距下锯口 24 厘米，距西距口 10 厘米，距东锯口 84 厘米；空洞高 20 厘米，宽 19 厘米。落地后画面上部，塌陷尺寸高 15 厘米，宽 76 厘米，有塌陷裂缝现象，系后墙暗柱腐烂所致。

北 3 号：高 293 厘米，宽 121 厘米。空洞位置距下锯口 19 厘米，距西锯口 29 厘米，距东锯口 77 厘米；空洞高 20 厘米，宽 19 厘米。

北 4 号：高 293 厘米宽 150 厘米，未见异常。

东 1 号：高 291 厘米，宽 90 厘米。

东 2 号：高 290 厘米，宽 140 厘米。在南上角高 30 厘米，宽 20 厘米的范围内画面脱落，系漏雨所致。

东 3 号：高 291 厘米，宽 153 厘米。在北侧 22 厘米处有裂纹一道，宽为 1～5 厘米不等，系墙内柱腐烂下沉所致；另外，在上部 40 厘米处已无画面。

东 4 号：高 291 厘米，宽 140 厘米。北上角高 36 厘米，宽 30 厘米范围内现已无画面。

东 5 号：高 293 厘米，宽 123 厘米。南下角有一空洞，高 15 厘米，宽 8 厘米；空洞距下底边 30 厘米，距南边 31 厘米（系人为破坏所致）。

东 6 号：高 294 厘米，宽 109 厘米。壁画背面未见异常。

西 1 号：高 293 厘米，宽 136 厘米。正常。

西 2 号：高 290 厘米，宽 112 厘米。距下边 63 厘米，南边 46 厘米处有一 8 厘米 × 9 厘米的酥碱空洞。

西 3 号：高 290 厘米，宽 158 厘米。未见异常。

西 4 号：高 290 厘米，宽 146 厘米。正常。

西 5 号：高 290 厘米，宽 149 厘米。背面未见异常。壁画下皮中部有一宽 15 厘米，高 6 厘米因人为破坏所形成的空洞。

西 6 号：高 290 厘米，宽 74 厘米。壁画下皮中部有一宽 15 厘米，高 6 厘米因人为破坏所形成的空洞。

b. 关公殿

关公殿除在后檐墙及东西山墙绘有壁画外，于两山墙的前后象眼处亦绘有壁画。分块后，共产生 22 块壁画。分别编号为北 1～8 号，东（西）1～5 号，象眼 1～4 号（1～2 号为东墙，3～4 号为西墙）。具体落地状况如下：

北 1 号：高 242 厘米，宽 92 厘米。在右上角处有旧裂缝一道。

北 2 号：高 242 厘米，宽 138 厘米。

北 3 号：高 240 厘米，宽 96 厘米。在右上角和右下角处各有旧裂缝一道。

北 4 号：高 236 厘米，宽 165 厘米。在右上角处有旧裂缝一道。

北 5 号：高 237 厘米，宽 167 厘米。未见异常。

北 6 号：高 237 厘米，宽 92 厘米。左上角有一裂缝；左侧中部和右上角各有小裂缝一道。

北 7 号：高 236 厘米，宽 141 厘米。未见异常。

北 8 号：高 238 厘米，宽 82 厘米。在右上角有旧裂缝一道。

东 1 号：高 208 厘米，宽 147 厘米。

东 2 号：高 287 厘米，宽 136 厘米。在左下角有旧裂缝一道。

东 3 号：高 289 厘米，宽 142 厘米。在右上角和右下角各有小裂缝一道。

东 4 号：高 287 厘米，宽 106 厘米。未见异常。

东 5 号：高 287 厘米，宽 103 厘米。背面未见异常。

西 1 号：高 290 厘米，宽 110 厘米。未见异常。

西 2 号：高 290 厘米，宽 152 厘米。背面未见异常。

西 3 号：高 290 厘米，宽 101 厘米。左边有裂缝一道。

西 4 号：高 290 厘米，宽 116 厘米。背面未见异常。

西 5 号：高 203 厘米，宽 154 厘米。左面有裂缝一道。

象眼 1 号：高 80 厘米，宽 143 厘米。未见异常。

象眼 2 号：高 60 厘米，宽 128 厘米。未见异常。

象眼 3 号：高为 75 厘米，宽为 143 厘米。未见异常。

象眼 4 号：高为 54 厘米，宽为 132 厘米。未见异常。

③底层修复

修复壁画底层采用的方法，是除去背面的泥层（灰层），重做底层。首先去除背面的泥层（灰层），只剩壁画的表层，然后加固表层，并重新补作底层，然后将它粘在底托上。藏经阁壁画表层及底层均为泥层。关公殿北侧壁画表层及底层均为白灰层，西、东侧为白灰表层、泥底层。

a. 去除背面泥灰层及脱胶

第一步将壁画背面的泥层、灰层处理基本平整，厚度保留至 15～30 毫米。

第二步将壁画翻转后放置在修复平台上进行脱胶处理，先用温水将画面上粘的布、纸洇透，慢慢将布、纸揭掉，然后用温水刷壁画面两次，均用毛巾沾干，最后用素泥将缝隙、孔洞临时堵严。

第三步脱胶后，将壁画翻转至修复台上，继续清除背面泥（灰）层，切忌铲坏画面。厚度保留为 3～13 毫米。

b. 加固背面表层

表层有孔洞、缝隙的临时先用素泥找平，在表层刷聚醋酸乙烯酯乳液两遍，第一道浓度为 5％，第二道浓度为 10％，以增强壁画的整体强度。渗透深度以不达到颜色层为准。

c. 补做底层

第一步关公殿壁画底均为白灰层，采用 1∶1.5 白灰细砂麻刀灰，以浓度为 25％的聚醋的乙烯酯乳液和匀。

藏经阁壁画底层均为泥层，采用原壁画底层颜色的熟土麻刀泥，水以浓度为 35％的聚醋酸乙烯酯乳液和匀。

在做灰层前，先刷一道 10％聚醋酸乙烯酯乳液，干之前抹底灰一道，用木抹搓平，回水后抹面层，补做底层厚度为 10～15 毫米。

第二步底层完全干燥后，用 E‐44 环氧树脂在底层上粘一道经纬线疏松的豆包布。环氧树脂重量配比：

环氧树脂：丙酮：固化剂 = 100：15：15

d. 底托制作

用一等红松木方制作十字格子的框子底托，按画面大小定出四边尺寸，然后均匀分横竖格子，每格边长不大于 400 毫米，大方断面 40～55 毫米，木框做成后，用环氧树脂粘到修复好的的底托上。重量比：

环氧树脂：滑石粉：固化剂 = 100：20：15

将木框格内用环氧树脂粘布条。木格防腐为满刷环氧树脂，配比与粘豆包布相同。

e. 壁画安装

在原址中，关公殿壁画存在严重先天不足，整幅壁画画面呈倒梯形，上边宽为 9847 毫米，下边宽为 9782 毫米，相差 65 毫米。下碱墙东西两侧高差为 50 毫米，东侧高度 945 毫米，西侧高度 895 毫米。壁画底边以下碱墙为基准画出，以致西侧比东侧壁画长达 75 毫米。整面壁画黑边黑框的尺寸相同，所以壁画的竖线不垂直，横线不水平。另外，壁画上部随墙面内倾。这些给迁建后安装带来困难。

迁建后壁画的安装，关系图不能改变，壁画画面应垂直安装，特别是下碱墙砌筑的高度相同，这样就给安装带来极大困难。

在施工过程中，我们总结出几种安装方法，以便壁画安装顺利进行。

其一，按原址中形制安装，从西向东逐块用木方垫起，然后补灰，将黑边框降至与西边起点处宽度相同，这样只将黑边框落下，不影响其他。

其二，壁画共分割成 8 块，从西侧第二块起，每块均降低 10 毫米，使黑边框及画面线条有少量移位，修补时找平，不影响画面的整体效果。

其三，由于画面分为三部分，画面顶部由梁分隔开，三部分相对独立，可先安装中间部分，然后向东西两侧安装，将底边黑边框高的落下，低的抬起既可。

③ 壁画安装总结

a. 安装前准备工作

首先，预置木砖。在砌墙身里皮时，根据画块的大小、高低，设楔形防腐木砖。木砖在顶部、中部和底部各设一道，以备安装固定壁画。

其次，校对关系尺寸图。即在安装前，每面墙的全部壁画，按照墙面的实际排列顺序，置于室内较平整的地面上，依照揭取时所绘壁画分块关系尺寸图校对各块壁画的关系，以利实际安装时准确无误。

第三，制作活动脚手架来搁放画块，以利吊安，顶部吊点借助屋顶构件。

b. 壁画安装

首先，挂画顺序。从一端开始，对准原位，将画面慢慢吊起，直接落在下碱墙上皮，基本对正后，初步固定，校核关系尺寸，最后用铁件固定。

第二，壁画固定，在每块画的底边均设置直径 6 毫米长度为 80 毫米的插筋两道，以防止壁画前后移动，壁画分块宽度在 1.2 米以上的，在壁画后中间部位设铁活一道，连接壁画与墙体。在安装每面墙壁的第一块画时，均用 3 毫米厚钢板制作的角钢连接画框与内墙预埋木砖，第二块与第一块连接采用 3 道直径 6 毫米、长度 80 毫米钢筋连接，顶部及另一边用角钢与预埋木砖连接，依次重复这一步骤，直至安装最后一块。

c. 画面修复

第一，补缝。揭取整幅壁画，分块锯开时所造成的锯口，采用细泥掺棉花和细砂调制成泥的传统工艺进行补缝，细泥：细砂＝1：1，棉花适量，确保干后无裂缝。

第二，补缺。揭取前的壁画，有较大残缺，在修复时，用补缝泥补抹完整。

第三，补平。补缝和补缺时，泥层比画面低一些，对低凹部分采用水胶和滑石粉找平，同时将画面小残缺也要找平。对壁画顶部高低不平现象，本着就高不就低，不损坏画面的原则，予以找平。

第四，填色。等补平材料干燥后，根据临摹品进行补线填色。后填色彩需做旧，以达到画面色彩统一的效果。

d. 壁画维护

在壁画安装时，画框与内墙皮预留 30～80 毫米宽的距离，以利通风，同时在画顶八字墙及画底部两端设置通风孔，通风孔安装打眼的砖块，防止虫鸟飞入。在画框底部存在画框不平的情况，将白灰浆灌进画框底部比画框稍高一些，使画框落实。

二　惠宁寺迁建工程大事记

（一）历代维修大事记

惠宁寺自建成以来，寺院及其周围环境遭受的重大破坏和自然灾害情况。

1. 光绪二年（1876 年）正月初四夜晚，大雄宝殿不幸起火，烧了整整一天一夜，将大殿烧尽。于光绪八年（1882 年）动工重修大殿，耗资白银约十万两。

2. 光绪九年（1883 年）6 月 14 日～7 月 2 日，右旗境内大雨连绵，大凌河洪水泛滥，房屋倒塌，人口牲畜淹死无数，沿河村庄受灾严重。

3. 光绪十二年（1886 年），春夏旱，七月十五日至二十日，大雨滂沱七昼夜未停，大凌河水爆涨，墙倒屋塌，人畜损失惨重。

4. 民国九年（1920 年），朝阳地区特大灾荒，春夏大旱，井泉干涸，赤地千里，秋有雹灾，秋霜过旱。

5. 嘉庆五年 1800 第一次在该寺立双旗杆，嘉庆二十四年（1819 年）因年久而倒毁，民国二十三年（1934 年），白喇嘛（阿日斯愣）历经一年重立旗杆。

6. 1948 年对武王殿墙体及木门窗进行了局部修缮。

7. 1966 年"文化大革命"时期

（1）寺院千余部经卷被烧，几百幅壁画被捣毁，千余尊佛像均被推翻在地，旗杆被截成几段，百余名喇嘛被抄家问罪。

（2）大殿改为仓库，踏跺用土填为坡道明间下槛锯断以备马车出入，且将一层木地板改为水泥地面。

（3）西配殿拆除，其木料用于搭设戏台。

8. 1984 年政府拔专款，重新制作了大殿门两侧的"金龙盘玉柱"和门楣之"九龙罩"。

（二）惠宁寺迁建保护大事记

1996 年 9 月 27 日

辽宁省文化厅同意由辽宁省文物考古研究所承担白石水库淹没区内惠宁寺等古建筑的设计、搬迁、复原重建工作。（辽文办字［1996］188）

2000 年 6 月 7 日

省文物考古研究所与省水资源开发总公司签订"白石水库库区文物保护投资包干协议书"。

2001 年 1 月 5 日

为了保证惠宁寺搬迁工作顺利进行，成立"惠宁寺搬迁工作领导小组"。（辽文物字［2001］2 号）

2001 年 2 月 23 日

惠宁寺迁建工程招投标开标仪式。参加人员：省文化厅副厅长顾玉才，中国文物研究所高级工程师傅清远，河北省古代建筑保护研究所高级工程师郭建永、朱新文、李士莲，辽宁省水资源总公司总经理刘大军，省文物考古研究所所长王晶辰等。

2002 年度

4 月 2 日　北票市政府在北票下府乡政府会议室召开惠宁寺迁建工程现场办公会，参加会议的有辽宁考古所王晶辰所长、北票市政府肖市长、王副市长及文化局、电信局、民委、移民办等有关单位的领导。

4 月 5 日　省文化厅同意沈阳敦煌古代建筑工程公司为惠宁寺迁建工程中标单位。（辽

文物发〔2002〕25 号）

4 月 3～10 日　惠宁寺新址供水接电。

4 月 11 日　惠宁寺新址放线。

4 月 20 日　辽宁省水利勘测设计研究院宋工、曹工到工地，与施工单位图纸会审。

4 月 22 日　阜新地质勘察院到工地验槽。

4 月 23 日　空拍惠宁寺旧址全景照片。

4 月 24 日　惠宁寺迁建庆典，鼓楼、西更房开始落架。

4 月 28 日　在北煤宾馆签订基础监理合同。

在工程指挥部召开会议，王晶辰所长主持，沈阳敦煌古代建筑工程公司、大连古建园林工程公司、河北平泉方圆监理公司、河北省古代建筑保护研究所有关人员参加，商讨目前遇到的问题及解决办法。

5 月 3 日　北票市文化局潘永胜局长到工地慰问。

5 月 7 日　天王殿、书写殿开始落架。

5 月 8 日　王晶辰所长检查工地。

5 月 14 日　考古发掘武王殿与大殿之间的甬路。

5 月 15 日　省考古所王晶辰所长与水资源总公司李国学经理、吴雅克，白石水库管理局陆局长、揣局长及移民办李主任检查工地。

6 月 12 日　省水利厅副厅长王永鹏、水资源公司李国学经理、白石水库管理局陆殿阁局长到工地了解工程情况。

6 月 21 日　北票市消防局到工地检查消防工作。

6 月 28 日　阜新地勘院王工到工地验槽（关公殿、七间殿）。辽宁省水利勘测设计研究院曹工到工地，设计变更事宜。河北平泉方圆监理公司冉经理到工地。

6 月 29 日　除两座石狮子尚未迁出，惠宁寺旧址迁出工作基本结束。

7 月 3 日　北票市文化局潘局长陪同谷书记（前北票市委书记）到工地了解工程情况。

7 月 6 日　给各施工队伍开会，落实落架档案制作具体要求及分项工程评验操作方法。

7 月 31 日　石狮迁到新址。

8 月 6 日　委托朝阳市防雷中心装置设计避雷。

8 月 15 日　王晶辰所长到工地检查工作。

8 月 16 日　王晶辰所长主持召开各方会议，解决工程有关问题。

8 月 21 日　去朝阳市消防局审图纸。

8 月 23 日　北票市委刘书记、人大胡主任到工地了解工程情况。

8 月 30 日　下府乡陈书记、冯区长到工地。

8 月 31 日　北票市政府王副市长、文化局潘局长、下府乡陈书记到工地了解东师佛仓情况。

9 月 2～4 日　王晶辰所长检查工地。

主持召开沈阳、大连、营口、锦州四家公司总经理及监理单位代表参加的工程质量整顿会议。

在工地听取各公司汇报会议落实情况。

9 月 6 日　朝阳市防雷中心到工地做避雷图纸技术交底。

9 月 12 日　东师佛仓落架，由朝阳市博物馆施工。

9 月 13 日　惠宁寺旧址考古发掘基本结束。

9 月 25 日　孙守道、王所长到工地。

9 月 30 日　惠宁寺旧址考古绘图结束。

11 月 3 日　工地停止施工。

11 月 19 日　顾厅长、王所长、王副市长、潘局长到工地验收，并在市政府宾馆开会。

11 月 25 日　去白石水库管理局二次工程报量。

11 月 26 日　惠宁寺工地全面停工。

2003 年度

3 月 22 日　工地复工，沈阳敦煌古代建筑工程公司、大连古建园林工程公司报本年度的工程进度与施工方案。经监理审核后同意施工。

4 月 2 日　消防设计图纸报朝阳市消防局审批。

4 月 3 日　药王殿下架安装验收。

4 月 7 日　山门木构件修缮评验。

4 月 9 日　王所长检查工地施工情况，解决处理古建筑修缮过程中遇到的技术问题。

4 月 24 日　书写殿、药王殿墙体砌筑，鼓楼大木立架。

4 月 29 日　惠宁寺挡土墙重新设计（原设计工程造价太高）。

5 月 8 日　山门、五佛殿柱础标高、轴线位移评验。

5 月 10 日　五佛殿大木立架、天王殿墙体下肩砌筑。

5 月 13 日　惠宁寺各殿避雷设计变更，由露明改为隐蔽，避雷线套阻燃管。

鼓楼大木立架结束，大殿二层立架，药王殿铺望砖，关公殿、弥勒殿抹护板灰。

5 月 15 日　工地召开"非典"预防工作会议。

6 月 2 日　钟鼓楼墙体砌筑设计变更：设计为"淌白"，原作法为"糙砌"，经请示王晶辰所长，决定按原作法砌筑，灰缝不能超过 5 毫米。

6 月 4 日　关公殿苦焦渣背。

6月10日　朝阳市消防局关于惠宁寺消防设计批复：需要做补充设计，增加蓄水量。

6月17日　甲方、乙方、监理三方共同到承德考察瓦件、吻兽。

6月19日　墙体灌浆不合格进行整改。

7月21日　请示辽宁省水资源总公司，惠宁寺迁建工程需要追加投资。

7月22日　惠宁寺消防设计通过了朝阳市消防局的审核，可以按设计进行施工。

7月24日　大殿二层周围殿木构件修缮评验。

7月29日　惠宁寺挡土墙方案论证（辽宁省水资源总公司李国学经理、白石水库管理局蒋书记、北票建筑设计院孙工参加）。

8月15日　王晶辰所长检查工地。

8月24日　藏经阁墙体下肩由"顺砌"变更为"三顺一丁"。

9月6日　大殿、藏经阁、关公殿壁画开始修复。

9月29日　各殿木基层结束，相继做护板灰、一毡二油防水、焦渣背。

10月7日　王晶辰所长检查工地。

10月10日　壁画修复结束。

10月21日　白石水库管理局陆殿阁局长检查工地施工情况。

10月30日　施工单位申报工程量，工程监理方开始审核。工地全面停工。

2004 年度

3月25日　工程开工，王晶辰所长到工地，确定各殿檐柱做一麻五灰地仗。

4月2日　北票消防局检查工地安全防火情况。

4月15日　一麻五灰地仗开始施工，书写殿开始瓦瓦。

4月17日　药王殿调脊，天王殿、东西更房做青灰背。

5月3日　舍利殿檩枋桐油钻生。

5月15日　大殿砌马草墙。

5月27日　王晶辰所长到工地，研究解决油饰、彩绘方案。

5月30日　白石水库管理局陆殿阁局长到工地，检查工程施工进度等情况。

6月2日　藏经阁壁画开始安装。

6月18日　北票市人大常委委员到工地视察。

6月19日　在工地现场召开安全会议。

7月27日　各殿室内地面开始青砖铺墁。

8月2日　地仗结束，各殿油饰、彩绘相继开始施工。

8月15日　王晶辰所长到工地，检查工程质量与进度。

9月2日　惠宁寺中轴线甬路开始铺墁。

9 月 25 日　惠宁寺迁建工程初步验收,省文化厅副厅长张春雨、文物处副处长吴炎亮、中国文物研究所高级工程师傅清远、省文物考古研究所王晶辰所长、田力坤书记、华玉冰副所长、河北省古代建筑保护研究所刘清波、郭建永、梁桐、刘国宾,北票市副市长王艳彬、北票市文化局局长潘永胜等参加验收会议。

10 月 21 日　工程量审核。

12 月 1 日　工地全面停工。

2005 年 5 月 13 日

惠宁寺迁建工程技术验收评审会,与会专家同意验收。

参加会议人员:国家文物局古建筑专家组组长罗哲文,中国文物研究所高级工程师李竹君、杨新,省文化厅副厅长张春雨,省文物考古研究所所长王晶辰、副所长华玉冰,监理单位河北省古代建筑保护研究所总监理工程师郭建永、监理工程师梁桐,朝阳市文化局副局长李振勇,北票市副市长王艳彬、北票市文化局局长潘永胜及施工单位负责人。

2005 年 6 月至 11 月

惠宁寺附属工程挡土墙、避雷联网、消防工程相继施工并通过有关部门验收。

2006 年 3 月 23 日

惠宁寺迁建工程领导小组在北票市召开了"北票惠宁寺文物保护工程移交工作会议"。自 2006 年 4 月 1 日起,将北票惠宁寺交回北票市文化局管理。(辽文物发〔2006〕28 号)

三　惠宁寺维修工程主要组织机构及人员名单

(一)惠宁寺搬迁工作领导小组

　　　　组长:　顾玉才　原辽宁省文化厅副厅长,现任国家文物局文物保护司司长

　　　　　　　张春雨　辽宁省文化厅副厅长

　　　　副组长:王晶辰　辽宁省文物考古研究所所长

　　　　副组长:姜铁成　原辽宁省文化厅文物处处长

　　　　副组长:李振勇　朝阳市文化局副局长

　　　　副组长:王艳彬　北票市副市长

　　　　副组长:张克举　原辽宁省文物考古研究所副所长

(二)惠宁寺维修工程施工办公室名单

　　　　办公室主任:　华玉冰　辽宁省文物考古研究所副所长

　　　　办公室副主任:孙立学

办公室成员：　赵志伟　北票市文物管理所所长

　　　　　　　赵书天　原辽宁省文化厅文物处处长

（三）设计、监理与施工单位主要人员名单

设计单位：王晶辰　辽宁省文物考古研究所　　　所长

　　　　　华玉冰　辽宁省文物考古研究所　　　副所长

　　　　　李向东　现任辽宁省文物保护中心　　主任

　　　　　孙立学　辽宁省文物考古研究所

监理单位：张立方　河北省古代建筑保护研究所　所长

　　　　　郭建永　河北省古代建筑保护研究所　总监理工程师

　　　　　梁　桐　河北省古代建筑保护研究所　监理工程师

施工单位：柴　勇　沈阳敦煌古代建筑工程公司　经理

　　　　　刘振龙　沈阳敦煌古代建筑工程公司　项目经理

　　　　　艾荣奎　沈阳敦煌古代建筑工程公司　施工队长

　　　　　徐德学　大连古建园林工程公司　　　经理

　　　　　辛　明　大连古建园林工程公司　　　项目经理

　　　　　徐德涛　大连古建园林工程公司　　　施工队长

附 录

附录一

惠宁寺蒙文碑译文

为人类繁荣幸福，金灵佛转生者成吉思汗皇帝的后代阿拉坦格日勒皇帝的侄儿嘎拉嘎的两个儿子温布、朝和日从呼和浩特的吐默特旗来到这个地方，修建了琉璃顶庙，里面塑造了佛像。

执政者温布、朝和日的四代重孙执政贝子哈木嘎·巴雅斯古朗图乾隆三年（1738 年）在他住宅附近修建了四方殿，东西两侧庙里塑造了佛像。

乾隆十五年（1750 年）为了发展佛教，从各方招收了喇嘛教徒。又修建了集会念经的三层楼阁八十一间大殿，以及东西两侧各三间和二门三间，这四座庙里也塑造了佛像。

乾隆二十一年（1756 年），皇帝钦定命名此庙为"惠宁寺"。乾隆二十二年（1757 年），大殿内请进了三世佛、如来佛、天母佛等。四方殿庙里，供奉了三世佛、千手千眼佛和八位菩萨等佛像。东西两侧庙内有：药王佛、菩萨等佛像。大殿西侧庙内供奉着五殿阎君、天母佛等。大殿东侧庙里有蒙文甘珠尔经、丹珠尔经。二门庙内放有四大天王等佛像。

大殿的东南角有钟楼，西南角有鼓楼。大殿二门前修了三门。同时修筑了红色围墙。为方便精通佛经特又修了讲经亭，以此讲经提级。

乾隆四十八年（1783 年）贝子萨波丹端奴日布，为继承其祖的事业，扩建了大殿，修西侧庙为五间，供奉了五皇佛。贝子萨波丹拉喜塑造了释迦牟尼佛像。

嘉庆十九年（1814 年）繁荣佛教的罗萨瓦译经师佛在四方殿后面修建了七间殿。在此庙里讲经第一代闻世活佛拉波金巴·阿旺拉希塑造了十一头面的千手千眼佛，铜铸镀金，美丽可观。

大臣七子政府贝子朋素克嶙亲无限信仰三世佛。乾隆六十年（1795 年）重新修建了大殿并扩建了东侧庙为五间。庙内塑造了瞑王等佛，又铸了天母佛供奉在大殿二楼上。把破旧的七间楼重新修成七间殿。西侧修了三间关帝庙。院内石砖铺地，正殿前重新修了宽阔的台阶，非常美丽。

援助佛教的大善主，佑仁额呼政府贝子，玛尼巴达日阿，于嘉庆五年（1800 年）在钟鼓楼前竖起了高达六丈五尺高的两根旗杆。

嘉庆八年（1803 年）在山门前修建了两个雄威的石狮子。佑仁额呼贝子为记载建庙历史，特刻制立碑。

道光二年（1822 年）夏季六月初一日立碑

附录二
北票市下府蒙古族自治乡历史背景

乾隆三年（1738 年）清政府设塔子沟厅，右旗境内归直隶省塔子沟厅管辖。

乾隆三十九年（1774 年）设置三座塔厅于朝阳，实行蒙、汉分治。

光绪三十年（1904 年）朝阳县改升朝阳府，实行蒙、汉分治。

1939 年 8 月日伪统治者接管了右旗境内王公对土地的所有权，并撤消朝阳县建制，改称土默特右旗。

1940 年 1 月建置土默特中旗，属伪锦州省管辖。

1945 年 8 月 15 日日本无条件投降，沁布多尔济成立北票治安维持会。

1963 年 9 月 4 日建立下府蒙古族人民公社。

附录三
惠宁寺历代游住活佛情况调查

（1）据碑文和史料记载，惠宁寺先后请进"满都达赖"活佛，并尊皇帝旨意赐该寺名为"惠宁寺"。

（2）乾隆二十六年（1761年），从赤峰红庙子请来"乌木勒"活佛。

（3）乾隆三十三四（1769年），从西藏请来"扎木扬·沙达巴"活佛。

（4）嘉庆十九年（1814年），请进"阿旺拉希"活佛（来自何处未见记载）。

（5）光绪二年（1876年），从甘肃请来第十八代"陶安"活佛，曾先后来该寺三次。

（6）民国三年（1914年），从现马友营乡的其美营子村老白家，请来"阿班格勒扎木苏"活佛。

（7）1955年的九月，从朝阳县的乌兰河硕村，请来一名姓常的活佛，当年只有九岁，由于唱戏时受惊吓，只好次日送返老家。

附录四
惠宁寺住寺喇嘛历史情况调查

喇嘛教最兴盛的乾隆年间，北票境内喇嘛曾达 1500 人，惠宁寺做为旗庙，级别及规模为本地最大的一所喇嘛庙，寺内主持权力仅次于贝子，庙宇占地五千多亩，好土地均由寺庙所有。

（1）乾隆二十一年（1756 年），惠宁寺达到鼎盛时期，大小喇嘛达三千余，有人称此时期是"有名的喇嘛三千六，无名喇嘛赛牛毛"。

（2）乾隆末年有喇嘛 800 人左右。

（3）民国十二年（1923 年）减少到 300 多人。

（4）解放前夕，北票境内喇嘛共有 657 人。

（5）解放后至 1958 年，北票境内喇嘛共有 117 人。

（6）"文革"后至 1982 年，北票境内有喇嘛 17 人，惠宁寺就有 9 人。

附录五

惠宁寺历史背景调查采访记录

采访目的：对惠宁寺历史沿革、创建以及历代维修状况、使用情况以及惠宁寺之历代佛事活动等进行调查，以达到较准确的了解惠宁寺的历史发展及变化。

被采访人：周自友（原北票市市志办公室主任）；宝国柱（寺内喇嘛）

采访人：河北省古代建筑保护研究所　郭建永

整理人：郭建永

1. 土默特右翼历史沿革

后金天聪三年（1629年），成吉思汉第二十世孙鄂木布楚琥尔率众降后金，由其驻兀爱营所在地满套儿地方（今河北省丰宁县境内）迁入北票境内，驻巴颜和硕（今北票市下府乡）。

天聪九年（1635年），诏编所部为九十七佐领，授扎萨克，同年鄂木布楚琥尔卒。

顺治五年（1648年），封鄂木布楚琥尔子固穆为镇国公。

康熙二年（1663年），固穆晋固山贝子，世袭罔替。康熙十三年（1674年），固穆卒。

康熙十三年（1674年），固穆七子衮济斯扎布袭固山贝子，康熙三十一年（1692年）以罪削爵，当政十九年。

康熙三十年（1691年），固穆六子拉斯扎布袭固山贝子，康熙三十七年（1698年）卒，当政八年。

康熙三十七年（1698年），拉斯扎布长子班第袭固山贝子，当政十一年，于康熙四十八年（1709年）卒。

康熙四十九年（1710年），班第长子哈穆嘎巴雅斯呼朗图袭固山贝子，乾隆三十六年（1771年）卒，当政六十一年。

乾隆三十六年（1771年），哈穆嘎巴雅斯呼朗图长子垂扎布袭固山贝子，乾隆三十九年（1774年）卒，当政三年。

乾隆三十九年（1774年），垂扎次子色布腾栋罗布袭固山贝子，乾隆五十年（1785年）卒，当政十一年。

乾隆五十五年（1790年），垂扎三子色布腾喇什袭固山贝子，乾隆五十七年（1792年）以罪削爵，当政二年。

乾隆五十七年（1792年），哈穆嘎巴雅斯呼朗图第九子朋素克嶙亲袭固山贝子，嘉庆四年（1799年）以罪削爵，当政七年。

嘉庆四年（1799年），朋索克嶙亲第四子玛尼巴达喇袭固山贝子。嘉庆七年（1802年）与嘉庆第四女庄静公主成婚，赏郡王品级，道光十二年（1832年）卒。

道光十三年（1833年），玛尼巴达喇长子德力格楞袭固山贝子，后因随僧格林沁帮办军务有功，晋为贝勒，补授阅兵大臣。

咸丰七年（1857年），德勒克色楞长子索特那木色登袭扎萨克固山贝子。

光绪六年（1880年）索特那木色登子楞扎布袭扎萨克固山贝子。

1930年，楞布扎布自称年老无力，管理不力，自动把爵位和扎萨克联务让位给其第五子沁布多尔济继承。

1932年，沁布多尔济投靠日伪，被溥仪封为和硕亲王、土默特右旗旗长。

1940年，改设土默特中旗，沁布多尔济任旗长。

1949年1月1日，召开了土默特中旗人民代表会议，正式成立了在共产党领导下的土默特中旗政府。

1949年4月15日，将土默特中旗和北票县合并为联合政府。

1949年5月，联合政府改为北票县人民政府。

2. 土默特右翼蒙古族渊源

北票境内蒙古民族，是于后金天聪三年（1629年）随元太祖第二十世孙鄂木布楚琥尔，由原驻牧地独石口边外兀爱营所在的满套儿地方迁徙而来，并于天聪九年（1635年）诏编为九十七佐领，共迁入人口七万二千七百五十人，与内蒙古自治区土默特原属同部，系近族。

（1）土默特部东迁

元太祖成吉思汗的第十七世孙阿勒坦汗执政右翼土默特万户时期，势力迅速壮大。与在其东翼驻牧的兀良哈部友好互助，因而土默特人得以大量地移居、迁徙于兀良哈部领地范围；对在其西翼河套地方游牧的蒙古人，也保持着良好关系。

阿勒坦汗在此和平、友好的社会环境中，代表全体蒙古人的共同愿望，曾多次向明朝要求互市，以通有无，均遭到明朝拒绝。阿勒汗被迫动干戈，以武力强求互市。

嘉庆二年（1523年）开始，进攻大同、宣府、雁门、汾州、孝义、延绥、龙门所、永宁、延安、庆阳、宁夏、怀柔、古北口、锦州、辽东等州、府、县，历时四十九年。

隆庆四年（1570年），阿勒坦汗顺应人民渴望和平的愿望，免受战争之苦，在明朝准予互市、互通有无的条件下，归服明朝。

隆庆五年（1571年），明朝封阿勒坦汗为顺义王，名其所居"归化城"（今呼和浩特）。

《万历武功录》记载，阿勒坦汗之子辛爱黄台吉因与其父在政见上有矛盾，于"嘉靖中索云中，云中弗许，计穷无所获，乃提精兵走蓟辽、独石、古北、潮河之间，肖然苦兵矣"。

《三云筹姐考》中记载"自辛爱黄台吉居于宣府边外，旧兴和所，小白海和马肺山一带，离边约三百里"。辛爱黄台吉不满足于其父阿勒坦汗的保守，自带其子孙率其部众在宣府边外，独石、蓟州边外一带逐水草迁徙驻牧，其驻牧之地名曰兀爱营。独石边外蓟州西北边外一带即其兀爱营所在满套儿地方（今丰宁县）。

（2）土默特部迁入北票历史背景

辛爱黄台吉率领土默特部众东迁驻牧，亦兼统辖管理属于土默特万户的兀良哈部。故东迁的土默特一向与兀良哈人民驻牧一起。

明万历十年（1582年），阿勒坦汗离世，其子辛爱黄台吉回归化城继位。东部的兀爱营由其子噶尔图统率管理。

万历四十三年（1615年），噶尔图死，兀爱营由其子鄂木布楚琥尔率众管理。

明天启七年（1627年），察哈尔林丹汗率众西进。兼并喀喇沁部，攻克归化城，占据土默特万户十二部所据之地，威胁到驻牧于满套儿地方有土默特部人的安全。鄂木布楚琥尔愤甚，遂联合喀喇沁部的苏布地等率土默特和喀喇沁大军西攻林丹汗，于土默特境内的赵城，击败了林丹汗大军，并遂偕同兀良哈部善巴于天聪三年（1629年）归附右金皇太极。随之，皇太极命其由满套儿地方东迁至锦、义边外泰宁卫境的朝阳、北票一带游牧。鄂木布楚琥尔掌右翼驻巴颜和硕。

（3）惠宁寺历年重大佛事活动

北票下府惠宁寺历年举行较大的法会、庙会的各种祭祀活动达五次之多。

① 每年正月十四、九月二十三和腊月二十，均为"送鬼"法会，做面供十一个，大殿内供一个；四方殿（藏经阁）供四个；药王殿供五个，供一至二天，众喇嘛上殿进香、诵经，然后举行"送鬼"仪式，由两名喇嘛抬一个"面供"送行。

② 每年正月十五日为"转庙日"，是该寺的法会，经乐队以及众喇嘛围墙一周，入大门而归，当车子回到出发地点（大殿）后，由喇嘛奏乐诵经，将车上佛像请下来，送回大殿原位。

③ 每年农历四月十五，是祭释迦牟尼佛祖成佛纪念日，是最隆重的佛事活动，尤以民国二十五年（1936年）四月十五日的庙会最为盛大，因为那年四月初一到初三，在惠宁寺内重立双旗杆，外地各寺院僧侣也前来诵经，进香拜佛者甚多，庙会人数达两万多人。

④ 五月十三与六月二十四为老爷庙会（五月十三为单刀会，六月二十四为双刀会），每当庙会除一些祭祀活动之外，均要唱大戏，因此逛庙会者甚多。

⑤ 十月二十五祭祀黄教创始人宗喀巴大师诞辰纪念日，从十月二十四至二十六，全寺喇嘛办三天法会，八方僧侣云集于此，与该寺众喇嘛一起诵经，同时各地信徒都专程来进拜佛。

（4）惠宁寺原布局情况

在惠宁寺的周围建有兆万仓、师佛仓、拉僧仓等十二个喇嘛仓，其中两个官仓，十个私人仓。在寺院外围还建有上百幢喇嘛住宅。惠宁寺寺院、喇嘛仓及住宅占地面积达三十万平方米。

附录六

相关文件

1. 文物保护工程技术验收评定结果（沈阳）

项目名称	辽宁省北票市惠宁寺迁建工程		
文物保护等级	省级文物保护单位	保护性质	迁建
管理单位	辽宁省文物考古研究所		
监理单位	河北省古代建筑保护研究所		
文物修缮资质单位名称	沈阳市敦煌古代建筑工程公司		
合同承包范围	山门、天王殿、藏经阁、舍利殿、东西边门、钟鼓楼、东西更房、书写殿、五佛殿、武王殿、药王殿、东配殿、关公殿、弥勒殿、石狮、石碑及围墙，师佛仓东西配殿及山门		
资金来源	白石水库建设项目文物保护资金		
工程概况	占地面积31亩，单体建筑24幢，南北长198米，东西宽63米		
建筑面积		修缮造价（万元）	
合同工期	2002年4月16日～2004年10月30日	报验时间	2005年4月15日
验收时间	2005年5月12日～13日		
专家评审组组长	罗哲文		

专家评审组成员	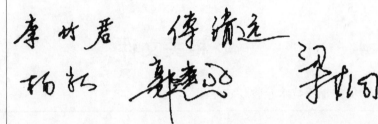

验收评定结论：

　　沈阳市敦煌古代建筑工程公司完成的惠宁寺修缮工程项目，经专家评审组评验，安照文物保护法规，符合文物修缮原则；符合修缮方案的设计要求；监理机构质量评定档案完备；施工单位修缮技资料及验收资料齐备；符合国家颁布的《古建筑修建工程质量检验评定标准（北方地区）CJJ39-91》。核定其合同范围内古建修缮项目的质量等级为合格（合格／优秀）。

专家评审组组长：罗邦文

二〇〇五年五月十三日

2. 文物保护工程技术验收评定结果（大连）

项目名称	辽宁省北票市惠宁寺迁建工程			
文物保护等级	省级文物保护单位		保护性质	迁建
管理单位	辽宁省文物考古研究所			
监理单位	河北省古代建筑保护研究所			
文物修缮资质单位名称	大连市古建筑园林工程公司			
合同承包范围	惠宁寺大殿　师佛仓正殿			
资金来源	白石水库建设项目文物保护资金			
工程概况	占地面积 31 亩，单体建筑 24 幢，南北长 198 米，东西宽 63 米			
建筑面积	3340 平方米	修缮造价（万元）		
合同工期	2002 年 4 月 16 日～2004 年 10 月 30 日	报验时间		2005 年 4 月 15 日
验收时间	2005 年 5 月 13 日～14 日			
专家评审组组长	罗哲文			

专家评审组成员	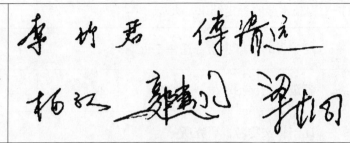

验收评定结论：

为连市古建筑园林工程公司完成的惠宁寺修缮工程项目，

经专家评审组评经，该项目按照文物要求。符合文物修缮原

则；符合修缮方案的设计要求；监理机构质量评定档案完

备；施工单位修缮技术资料及验收资料齐备；符合国家

须布的《古建筑修建工程质量检验评定标准（北方地区）CJ39-91》

挂道其合同范围内古建筑修缮项目的质量等级为合格。

专家评审组组长：罗哲文

二○○五年五月十三日

3. 关于成立惠宁寺搬迁工程领导小组的通知

关于成立惠宁寺搬迁工程领导小组的通知

辽文物字〔2001〕2 号

辽宁省文物考古研究所：

惠宁寺为省级文物保护单位，位于白石水库淹没区内，经国家文物局和省政府批准，近期将搬迁重建。根据（辽文办字〔1996〕188 号）文件和 2000 年 5 月 22 日由曾维厅长主持的"惠宁寺搬迁工作协调会"的精神，惠宁寺搬迁工程由你所承担。为了保证惠宁寺搬迁工作顺利进行，应你所请求，我厅原则同意成立"惠宁寺搬迁工作领导小组"成员如下：

组　长：顾玉才　辽宁省文化厅副厅长

副组长：王晶辰　辽宁省文物考古研究所所长

副组长：姜铁成　辽宁省文化厅文物处处长

副组长：李振勇　朝阳市文化局副局长

副组长：王艳彬　北票市副市长

副组长：张克举　辽宁省文物考古研究所副所长

领导小组主要负责协调与水利厅及地方政府之间关系，指导搬迁重建工作。你所在领导小组的指导下，负责工程招投标、施工组织和工程管理等具体工作。

特此通知。

二〇〇一年一月五日

抄送：朝阳市文化局、北票市政府

4. 关于省考古所承担白石水库文物保护工作的批复

关于辽宁省文物考古研究所
承担白石水库文物保护工作的批复

辽文办字〔1996〕188号

辽宁省文物考古研究所：

你所《关于承担白石水库文物保护工作的请示报告》文收悉。经研究，现批复如下：

一、原则同意辽宁省文物考古研究所承担白石水库淹没区内惠宁寺等古建筑的设计、搬迁、复原重建工作和地下古遗址、古墓葬的发掘、整理、研究工作。

二、惠宁寺的搬迁和重建方案需报省文物行政管理部门审批后方可施工。

三、对施工队伍必须进行资格审查，并对其施工过的典型工程进行检查；在对惠宁寺施工过程中，组织专家对工程质量进行监督检查。

四、工作中有关事宜（包括工作计划、阶段工作汇报、经费使用等）应及时上报省文物行政管理部门。

此复。

一九九六年九月二十七日

5. 惠宁寺迁建工程评标报告

辽宁省惠宁寺迁建工程——HN QJ LC/01 标

评 标 报 告

建设单位：辽宁省文物考古研究所

招标代理：辽宁省水利土木工程咨询公司

二〇〇一年二月　沈阳

目　录

1. 综述

1.1 工程介绍

辽宁省白石水库坝址位于大凌河干流上，距辽宁省北票市上园镇 13km。白石水库是以防洪、灌溉、城市供水为主兼顾发电、养鱼综合利用的大（Ⅰ）型水利枢纽工程。水库总库容 16.51 亿 m^3，兴利库容 8.70 亿 m^3。大坝为碾压式混凝土重力坝（RCD）坝长 513m，最大坝高 50.3m。水电站为坝后式厂房，装机 9600kW。主体工程于 2000 年底完成。惠宁寺迁建工程属白石水库淹没区范围内的恢复改建工程。

惠宁寺位于辽宁省北票市东南 15 公里的下府蒙古族自治乡下府村。寺院坐南朝北，北靠端木塔杜山，南临大凌河，东面不远处为牤牛河。

惠宁寺始建于乾隆三年（1738 年），距今已有近 300 年的历史，它集汉、藏、蒙、满四个民族建筑风格于一体，具有重要的历史、文化和艺术价值，被省政府定位省级文物保护单位。白石水库修建后，惠宁寺现址位于淹没线以下，经与辽宁省文化厅和北票市政府协商，决定将惠宁寺迁建于原址附近山坡上。

现存的惠宁寺南北长 198 米，东西宽 63 米，占地面积 12000 多平方米。其建筑是以南北为轴线对称布置的，中轴线自南向北是山门、天王殿、大殿、四方殿（藏经阁）、七间殿（舍利殿）、东西两侧有角门、钟鼓楼、东西更房、药王殿、书写殿、五王殿、五佛殿、东配殿、弥勒殿、关帝殿。此外在惠宁寺的周围原来还建有许多仓口，其建筑不下百余间，现存在惠宁寺东侧还保存着比较完整的二座院落，师佛仓和东师佛仓。

1.2 招标范围

本次招标（合同编辑：HN QJ LC/01）的主要工程包括：惠宁寺主体工程迁建以及其他相关的临时工程。

1.3 投标邀请

本标采用邀请招标方式，建设单位——辽宁省文物考古研究所基于对本行业施工单位资质情况和施工经验的一般了解，委托招标代理单位辽宁省水利土木工程咨询公司于 2000 年 12 月 22 日向辽宁锦州市古建筑工程处（以下简称锦州）、沈阳敦煌古代建筑公司（以下简称沈阳）、营口市古建筑工程公司（以下简称营口）和大连市古建筑园林工程公司（以下简称大连）4 家单位发出邀请。上述 4 家单位均接受邀请并于 2000 年 12 月 25 日至 26 日向招标代理单位购买了招标文件。

1.4 标前会议及现场查勘

标前会议于 2001 年 1 月 12 日在现场举行，上述 4 家投标人均派代表出席。业主方面和招标代理公司有关人员陪同投标人进行了现场查勘，投标人提出的问题以补遗文件的形式随后发给给所有投标人。

1.5 补遗文件

招标期间共发出了 3 份补遗文件，补遗文件将构成招标文件的组成部分，所以投标人均确认已收到了全部补遗文件并将其考虑到投标文件中。

1.6 投标截止日期及标书的提交

上述 4 家投标人于 2001 年 2 月 23 日上午 10 时 30 分投标截止时间前将投标书送交到辽宁省文物考研研究所 5 楼会议室。10 时 30 分由招标代理单位主持进行了公开开标，辽宁省文化厅的领导、业主代表、本标评标委员及有关工作人员和所有投标人代表出席了开标仪式，投标人的报价以及投标保函等有关细节由招标代理单位代表在仪式上公开宣读，开标记录详见附表 2。

1.7 标底

本标标底由业主委托河北省古代建筑保护研究所在投标截止日期前完成并密封，开标仪式结束后，在评标委员的第一次工作会议上拆封宣读，标底金额为人民币 14 372 910.98元。该标底不是业主授标的依据，也不存在投标报价高于或低于标底某一数值投标自动作废的规定，它将与投标人的平均报价组成复合标底，以复合标底作为评委判定不平衡报价或低于成本竞标的参考和进行评标打分的依据。

1.8 评标委员会

评标委员会由业主代表、招标代理单位代表和有关专家共 9 名委员组成，评细名单见报告批准书。

1.9 评标原则和办法

辽宁省惠宁寺迁建工程评标原则和办法由业主和招标代理单位共同编制完成并在投标截止时间前由评标委员会讨论通过，本报告附有一份评标原则和办法。

2. 资格审查

从投标人提供的资质文件看，辽宁锦州市古建筑工程处正在申办三级资质，故现阶段仍按四级资质认定，曾参与锦州广济寺、义县奉国寺等古建筑维修施工，具有完成本工程所需的技术、设备及财力。沈阳敦煌古代建筑公司是古建施工三级企业，业绩优良、技术力量雄厚、设备先进、财务状况良好；营口市古建筑工程公司是古建施工四级企业，近期完成的营口市楞严宝塔和盖州市慈航寺仿古建筑均有相当规模，其技术能力、设备与财力均能满足本工程的要求；大连市古建筑园林工程公司是古建施工二级企业，近期完成了包括获得行业最高荣誉"鲁班奖"的大宫森林动物园猩猩馆等工程，其技术能力、设备与财力均能满足本工程的要求。综上所述，以上投标人均有能力完成本标工作，资格审查合格。

3. 商务评审

3.1 投标书的完整性

对所有递交的标书都进行了仔细检查，以确认是否提交了所有要求的文件并进行评价，例如标书正本 1 份，副本 5 份，正确填写和签署的投标书，投标保函，以及收到补遗文件的确认等。

检查的详细情况记录于表 3 "投标书完整性表"，从中可以看出，4 家投标人均按规定提交了所有要求提供的文件，不存在任何遗漏。

3.2 投标书的应答性

对所有递交的标书都进行了仔细检查，以确认是否符合招标文件的所有条件条款而没有实质性的偏离和违背，如投标人名称是否与购买标书的单位名称一致，投标保函是否满足规定等。其中大连市古建筑园林工程公司提交的投标保函有效期是自 2000 年 12 月 25 日至 2001 年 3 月 24 日，与招标文件要求的有效期自开标后 102 天相差甚远，而保函盖银行公章却由投标单位法定代表签署，说明投标人不了解保函的规定；另外 3 家均满足应答性要求，详细情况见表 4。

3.3 商务评审结论

完成商务评审后，评委会做出如下结论：大连市古建筑园林工程公司因投标保函签署人错误和有效期不满足要求应作废标处理，另外 3 家的投标都满足了完整性和应答性要求，符合招标文件有关条件条款而没有实质性的偏离或违背。比较而言，沈阳敦煌古代建筑公司投标经验丰富，投标完整性应答性最好，营口市古建筑工程公司次之，辽宁锦州市古建筑工程处在本阶段已将履约保函和预付款保函开出，说明投标人对投标规则缺乏了解。根据上述评审，评委会推荐沈阳、锦州、营口 3 家的投标进入下一步细评审。

4. 技术评审

锦州：

该单位主要施工方案基本可行，施工进度及材料、设备、人力供应安排基本合理，有一定的质量保证措施，自 1978 年以来，修缮了义县奉国寺、北镇庙、九门口长城、锦州大广济寺、锦西圣水寺、灵山寺、兴城文庙、盖州上帝庙、笔架山古建筑群等国家及省级重点文物保护建筑，有一定的古建维修经验。

沈阳：

该单位对施工方案考虑周密，施工工艺和方法合理可行，施工进度安排交叉合理，各种材料、设备及人力安排计划较好，质量保证措施得力、科学可靠，从总体看，该单位有较高的施工组织能力，对古建筑的保护意识较强，完成过沈阳慈恩寺、沈阳故宫敬典阁、鸾架库、大政殿、崇漠阁、新民辽滨塔等修缮工作，有一定的施工经验，具备承担该项工程的技术资格。

营口：

该单位对施工方案考虑较为合理，施工工艺和方法基本可行，但对个别施工工艺的措施方案欠缺，施工进度安排基本合理，材料、设备和人力也作了合理安排，质量保证措施比较健全，但类似工程施工经验较少，仅维修过营口楞严寺钟鼓楼。

5. 标价评审

5.1 数字及算术校核

为找出算术错误，对每个投标人的所有单价和总价都进行了校核，对存在的算术错误进行修正，各家投标人均未发现大的算术错误，修正后总报价见表6（修正的投标价格表）。

5.2 投标价格的合理性

5.2.1 总则

投标报价的合理性评审。首先是对各投标人报价的总价进行评审，然后再对工程项目的包干总价和单位造价分别进行评审。各投标人的总报价如下表：

单位：万元

投标人	报价	占复合标底（％）
锦州	1341.22	104.19
沈阳	1049.99	81.56
营口	937.84	72.85
复合标底	1287.34	100.00

从上表可看出锦州的报价高于标底4.19％，沈阳、营口的报价低于标底，分别是标底的81.56％和72.85％。

在分项工程量报价单中有29个项目，其中9个分项金额较大：钟鼓楼、书写殿、五佛殿、大殿、藏经阁、关公殿、舍利殿、围墙和东石佛仓大殿，其详细比较内容如下：

单位：万元

	沈阳	锦州	营口	复合标底
钟鼓楼	23.06	61.31	20.93	48.00
书写殿	42.30	50.53	36.12	47.65
大佛殿	40.03	53.29	38.02	49.40
大殿	222.37	255.35	185.72	258.23

	沈阳	锦州	营口	复合标底
藏经阁	69.64	78.16	64.36	80.95
关公殿	44.61	36.94	46.39	52.23
舍利殿	60.45	75.86	54.13	71.28
围墙	71.88	107.21	61.54	98.22
东师佛仓大殿	71.88	63.20	48.40	63.60
合计	634.79	781.87	555.60	769.56
占复合标底比例（%）	82.49	101.60	72.20	100.00

从上表可看出与总价的分析结果基本一致，不存在不平衡报价。

5.2.2　包干总价

总价包干项目报价详见表 7 主要包干价建筑物综合价对照表。在这部分分项工程报介中，主要集中在 101 住房和仓库、106 临时施工道路，对比情况见下表。

单位：万元

项目号	锦州	沈阳	营口	复合标底
101	40.00	16.24	8.64	41.54
106	10.00	2.91	1.25	7.36
合计	50.00	19.15	9.89	48.90
1 项合计	75.00	24.48	15.72	68.18
占 1 项%	66.67	78.23	62.91	71.72

从上表可看出锦州 101、106 项的报价均稍高于标底；沈阳、营口两家 101、106 两项报价明显偏低，分析投标人的施工组织设计，显然对临时住房与仓库、临时施工道路考虑不足，应进行金额调整。

5.2.3　单位造价

有 9 个分项工程金额较大：钟鼓楼、书写殿、五佛殿、大殿、藏经阁、关公殿、舍利殿、围墙和东师佛仓大殿，这几项的单位投标价如下：

单位：楼殿：元/平方米　　围墙：元/延长米

	沈阳		锦州		营口		复合标底
	单价	占复标(%)	单价	占复标(%)	单价	占复标(%)	
钟鼓楼	1204.93	48.04	3203.00	127.72	1093.38	43.60	2507.70
书写殿	2063.47	88.77	2465.29	106.08	1762.04	85.82	2324.40
五佛殿	1952.64	81.04	2599.64	107.89	1854.53	76.97	2409.52
大殿	2600.47	86.11	2986.25	98.88	2171.89	71.92	3019.94
藏经阁	2212.69	86.03	2483.32	96.56	2044.83	79.50	2571.91
关公殿	3180.04	85.40	2633.62	85.40	3306.53	88.80	3723.64
舍利殿	2064.95	84.80	2591.26	106.42	1849.01	75.93	2435.00
围墙	982.01	73.19	1464.63	109.16	840.75	62.66	1341.77
东师佛仓大殿	2749.43	95.03	2875.01	99.37	2201.61	76.10	2893.12

从上表可以看出，除营口、沈阳钟鼓偏低外，锦州的钟鼓楼、书写殿、五佛殿、舍利殿、围墙高于标底，其他楼殿的单方造价均接近标底。根据投标人提供的单价分析表，营口、沈阳钟鼓楼单位造价低是由于对招标文件的工程报价清单钟鼓楼工程量理解有误，少报一座建筑物所致，进一步研究发现东西更房报价存在同样情况，应按工作范围不完整做报价金额的调整，其他楼殿的单位造价均在合理的范围内，未发现不平衡报价。

5.3　报价金额的调整

5.3.1　总则

根据评标原则和办法，为使各家投标人在一个基础上进行评审，对投标人报价的金额调整将从工作范围一致性，技术一致性和报价合理性三个方面进行，调整的金额依据投标人自己的投标书中的数据或其他投标人报价的平均值。

5.3.2　金额调整

遵循5.2的评审，营口、沈阳因工作范围不完整补充鼓楼、西更房的报价，增加金额分别为33.78万元和36.64万元，另因临时工程101、106项报价不合理，按4家投标人的平均报价分别增加金额16.46万元和7.2万元，锦州不存在金额调整。

单位：万元

投标人	修正后的价格	调整金额	调整后的金额
锦州	1341.22	0	1341.22
沈阳	1049.99	43.84	1093.83
营口	937.84	50.24	988.08

5.4　评标价格

根据金额调整的结论，得到各投标人的评标价格：

单位：万元

投标人	修正后的价格	评标价格	占标底百分率%
锦州	1341.22	1341.22	104.19
沈阳	1049.99	1093.83	84.97
营口	937.84	988.08	76.75
复合标底	1287.34		100.00

6. 综合打分

根据上面所做的分析评审和评标原则办法，评委对3家的投标进行了综合打分，结果如下：

（1）辽宁锦州市古建筑工程处：　　　　64.7分
（2）沈阳敦煌古代建筑公司：　　　　　83.8分
（3）营口市古建筑工程公司：　　　　　72.4分

7. 建议的替代的方案

本标不接受替代方案投标。

8. 结论与推荐意见

8.1　推荐最终的候选中标人

通过上述对辽宁锦州市古建筑工程处、沈阳敦煌古代建筑公司和营口市古建筑工程公司3家的投标在商务、技术及标价三个方面的详细评审，3家投标均满足招标文件的基本要求，都能保证在规定的工期内完成招标文件规定的工程项目。基于上述评审和得分结果，评委会推荐沈阳敦煌古代建筑公司为与业主进行合同谈判的首选中标人，营口市古建筑工程公司为第二候选中标人。

8.2 推荐的合同价格

根据评审结果，建议业主与第一候选中标人签订的合同价格为1086.63万元人民币。

8.3 合同谈判时应确认的条件

如果第一候选中标人未能与业主达成协议，评委会建议在与营口市古建筑工程公司进行合同谈判时应要求适当提高履约保函金额。

9. 批准书

本评标报告经以下评委评审通过：

序号	姓名	会议职务	单位/职务/职称	签名
1	顾玉才	主任委员	辽宁省文化厅副厅长	
2	王晶顾	副主任委员	辽宁省文物考古研究所所长	
3	刘大军	副主任委员	辽宁省水利土木工程咨询公司经理	
4	傅清远	委员	中国文物研究所副总工程师	
5	李士莲	委员	河北省文物局古建专家高级工程师	
6	刘东光	委员	河北省文物局古建专家高级工程师	
7	佟文锋	委员	河北省古代建筑保护研究所高级工程师	
8	郭建永	委员	河北省古代建筑保护研究所高级工程师	
9	朱新文	委员	河北省古代建筑保护研究所高级工程师	

辽宁省惠宁寺迁建工程
评标方法、程序和标准

1. 评标方法

本次评标采取综合打分的方法。评委根据各评标小组对各家投标的商务评审、技术评审和价格评审的结论，按各项所占权重，对各家投标综合打分。得分最高的投标人即作为评标委员会推荐给业主进行合同谈判的首选中标人，得分排在第二位的投标人作为次选中标人。

2. 评标程序与标准

2.1 资格审查

评委根据招标文件规定的资质条件（古建 4 级、近三年无亏损、流动资金 20 万、至少完成一个类似工程等）对所有投标人进行资格审查，以确认其是否具有完成本合同的能力。评审将依据投标人的最新有效资质等级，财务状况和生产能力。只有资格审查合格的投标人才能进入下一阶段评审。

2.2 商务评审

2.2.1 **基本资料**

将本次招标的基本资料填入"基本数据表"。

2.2.2 **开标记录**

按"开标记录表"记录所有收到的投标书及投标价格和收到的投标保函。

2.2.3 **审查投标的完整性和应答性**

（1）检查所有投标书是否符合招标文件要求的份数，是否正确签署，是否有合法的授权，是否提供了所有要求的表格等，结果填入"投标完整性表"。

（2）审查投标书是否符合招标文件的所有条款、条件及各种规定，是否有重大偏离或保留，结果填入"实质性应答表"。对非实质性应答的投标，经评标委员会研究决定，予以剔除。对只有某些微小偏离或保留且其程度不影响进一步评审的投标，经评标委员会研究决定，可以接受。

（3）凡含有下列各项（包括但不限于下列各项）"非一致性"因素的投标，应视为无实质性应答而予以剔除：

A. 若投标只涉及招标工程的某几个部分——部分投标（注：若只去掉一些次要的小项目，经评标委员会研究后，可被接受）；

B. 若投标是有条件的（注：投标条件并不与招标文件构成实质性抵触者除外）；

C. 若投标模糊不清，难以辨认或包含有省略、删节、变更、增添或招标文件（包括表格）中没有的项目，或包含种种不符合规定的内容（注：只包含一些次要的省略、删节、变更及不符合规定的内容，经评委会研究后，可被接受）；

D. 没有同时提交投标保函或提交的保证金不足或有效期不足；

E. 投标人未签字或在所有需要证实之处未予证实（注：若只存在少量次要的删略，经评标委员会研究后，可被接受）；

F. 没有提交完整的施工进度计划（注：若有少量次要的删节，经评标委员会研究后，如认为有必要，在投标人提交了补充资料后，可被接受）；

G. 竣工时间晚于规定的时间；

H. 其他与招标意图相矛盾的较大的不符之处。

（4）一份投标，只有与投标文件明确规定的条款和条件有重大不符之处，且该不符之处的程度导致不能进一步评审时，才应予以剔除。在评标过程中，当需要澄清时应要求投标人对其投标作出澄清，但不允许投标人对其投标的实质性内容或报价进行变更。

2.2.4　提出商务评审结论和推荐意见

根据上面的评审做结论，商务评审合格的投标将进入下一阶段评审。

2.3　技术评审

技术评审将对以下几个方面进行，如不满足将导致投标被拒绝。如果偏差不大可以接受的应进行价格调整。

2.3.1　施工方法和工艺

2.3.2　施工进度计划

2.3.3　技术供应（设备、材料、人力）

2.3.4　质量保证体系和措施

2.3.5　企业资质、经验水平

2.4　标价评审

2.4.1　算术校核

填写"数字与算术错误表"。算术校核遵循下列原则：

（1）若单价与合价（单价乘以规定的数量）之间出现矛盾，以单价为准；

（2）若打字与手写的数字、符号之间出现矛盾，以手写为准确；

（3）若以数字表示的数额与以文字表达的数额之间出现矛盾，以文字表达为准。

（4）若已填写总价，而无相应的单价，则以总价除以数量的商为单价；

（5）若已填写总价，而总价空缺，则以数量与单价相乘之积作为总价；

（6）若工程量清单和价格表中任何一个项目未填写单价和总价，则此项目睥费用被视为包括在其他项目的单价或包干总价之中。较大的算术错误应要求投标人作出澄清确认。

2.4.2 报价的合理性分析

将业主做的标底与投标人的平均报价再次平均得到一个复合标底，以此为标准分析每个投标人的报价，对报价超出复合标底20％以上的单项可要求投标人做出澄清，分析是否存在不平衡报价或低于成本竞争。对单价分析表和总价项目分解表应进行分析是否存在工作内容遗漏或不完整，应对计日工价格进行分析是否存在不平衡报价。

2.4.3 报价的金额调整

根据上述评审进行报价的金额调整以得出各投标人的评标价格，价格调整应在相同的基础上进行，分以下三个方面：

（1）工作内容遗漏或不完整的价格调整

工作内容有微小的非实质性遗漏或不完整并不构成投标书的剔除。单价或总价及不完整的项目应加入投标价中。

A. 依据投标人自己投标书中的数据。

B. 依据其他投标人投标报价的平均值。

（2）技术一致性的调整

微小的非实质性的技术一致性缺陷不会导致标书被剔除，但补救费用应加到投标价中，与（1）相似，这种比较亦应基于参考其他投标人的该项平均报价而作出合理的估价。

（3）不合理报价的调整

对不平衡报价，应分析业主承担的风险金额大小并将其加入投标人的报价中。对判定为低于成本报价，可按其他投标人投标报价的平均值对该项进行金额调整。

2.5 综合打分

2.5.1 打分原则

A. 打分按记名的方式进行，即每位评委在打分表上对各家投标人进行打分后，要签上自己的名字，否是其打分表被视为无效。

B. 每个评委根据三个组的评审结论和自己的判断按照各项所占权重重对各家的投标进行打分。评标委员会主任要对每个评委的打分表进行审核，明显不合理的打分表做为无效处理。

C. 对全体评委的有效打分表进行比较后，每个投标人的得分中，要去掉一个最高分，去掉一个最低分，然后算出每个投标人的平均得分，该平均分即为各投标人的最终得分。

2.5.2 打分标准

A. 投标报价　　　　　　　　　　　　　　　　　　　　　　　　　　（30分）

根据价格评审结果得出每个投标人的评标价格。评标价与复合标底相等时得基本分25分，在此基础上，每高于复合标底10万元扣1分，当高于复合标底250万元以上时，报价分为零分；每低于复合标底 20 万元加 1 分，但最多得 30 分。所有评委给同一投标人的报价分均是一个固定数。

B. 施工组织设计　　　　　　　　　　　　　　　　　　　　　　　　（50 分）

①总体规划及施工方法和工艺的科学、合理性　　　　　　　　　　　（20 分）

科学、合理　　　　　　　　　　　　　　　　　　　　　　　　17～20

较科学、合理　　　　　　　　　　　　　　　　　　　　　　　13～16

②施工进度计划的符合性、合理性　　　　　　　　　　　　　　　　（10 分）

符合、合理　　　　　　　　　　　　　　　　　　　　　　　　　8～10

符合、较合理　　　　　　　　　　　　　　　　　　　　　　　　6～7

③质量保证体系、控制措施的科学性、可靠性　　　　　　　　　　（10）分

科学、可靠　　　　　　　　　　　　　　　　　　　　　　　　　8～10

较科学、可靠　　　　　　　　　　　　　　　　　　　　　　　　6～7

④技术供应（设备、材料、人力）的合理性、充足性　　　　　　　（10 分）

合理、充足　　　　　　　　　　　　　　　　　　　　　　　　　8～10

较合理、较充足　　　　　　　　　　　　　　　　　　　　　　　6～7

C. 企业资质、经验水平　　　　　　　　　　　　　　　　　　　　（20 分）

资质分 5 分：

2 级完成过 1 个类似工程或 3 级完成过 2 个类似工程　　　　　　　　　5

3 级完成过 1 个类似工程或 4 级完成过 2 个类似工程　　　　　　　　　4

4 级完成过 1 个类似工程　　　　　　　　　　　　　　　　　　　　　3

经验分：10 分：

完成过省级大木作重建工程 5 分，省级小木作重建工程 2 分。

完成过省级落架大修工程 5 分，省级一般维修 2 分。

奖励分：5 分：

获得过市级优质工程加 2 分，省部级优质工程加 3 分，获得鲁班奖加 5 分（按最高奖级不重复计分）。

2.6　审查替代方案

本标不接受替代方案。

2.7　提出推荐意见

评标委员会推荐得分最高的投标人作为与业主进行合同谈判的第一候选中标人，得分次之的投标人作为第二候选中标人。在得分最高的投标可被接受授予合同时，按评标程序可以指出某些投标提出的优惠条件对业主具有潜在的利益值得考虑，例如排在第二位的投

标，此时应对这些利益尽可能量化。评委会同时就合同价格、合同谈判时需确认的条件以及授予合同计划提出建议。

2.8 通过评标报告

评委会根据上述工作完成评标报告，在评委全体会议上宣读并签字通过。评标报告送交文化厅审批。

表 1 基本数据表

1. 项目名称： 辽宁省惠宁寺迁建工程

2. 合同号： NH QJ LC/01

3. 合同内容： 惠宁寺主体建筑物迁建相关临时工程

4. 标底金额： 14，372，910.98 元人民币。

5. 邀请招标日期： 2000 年 12 月 22 日

6. 招标方式： 邀请招标

7. 投标截止日期： 2001 年 2 月 23 日 10 时 30 分（北京时间）

8. 收到的投标： 4 份

9. 投标有效期： 84 天

表 2 开标记录

工程及合同名称：辽宁省惠宁寺迁建工程 NH QJ LC/01 标

下列投标在投标截止日期 2001 年 2 月 23 日 10 时 30 分（北京时间）前送达，并于同日 10 时 30 分在辽宁省文物考古研究所 5 楼会议室公开开标。

开标序号	投标人	投标金额（人民币元）	投标保证金（人民币元）	投标人代表签字
1	锦州市古建筑工程处	13412971.11	80000.00	蔡肖
2	沈阳市敦煌古代建筑工程公司	10499887.00	80000.00	笔厚
3	营口市古建筑工程公司	9378408.48	80000.00	善波
4	大连市古建筑园林工程公司	12205237.90	80000.00	林峰
备注				

1. 建设单位代表：
辽宁省文物考古研究所

2. 招标代理单位代表：
辽宁省水利土木工程咨询公司

表3　投标书完整性检查表

内　　容	投　标　人			
	沈阳	大连	锦州	营口
投标文件的提交				
正本一份，副本五份	C	C	C	C
投标文件的签署				
授权委托书	C	C	C	C
每页　签署	C	PC	C	C
补遗文件的认可	C	C	C	C
投标保函				
保函金额	8万	8万	8万	8万
报价表				
程量报价总表	C	C	C	C
报价单细目	C	C	C	C
计日工作价格表				
劳务日工作价格表	C	C	C	C
计日工作材料、燃料价格	C	C	C	C
计日工作施工设备台班价格	C	C	C	C

计划表格				
分年劳动力计划表	C	C	C	C
分年材料用量计划表	C	C	C	C
分年资金流量估算表	C	C	C	C
施工机械计划表				
随同标书递交的资料及附图	C	C	C	C

注：C 全部提交，PC 部分提交，NC 没有提交，NA 不适用。

表 4　实质性应答表

序号	投标人	沈阳	大连	锦州	营口
1	投标人名称是否与购买标书的单位名称一致	是	是	是	是
2	是否按规定的金额和有效期提交了投标保函	是	否	是	是
3	补遗文件的内容在投标时是否已充分考虑	是	是	是	是
4	投标是否是部分投标	否	否	否	否
5	投标是否是有条件的	否	否	否	否
6	是否对招标文件有重大偏离和保留	否	否	否	否
7					
	结论	合格	不合格	合格	合格

表5 数字和算术错误表

单位:元

项目编号	锦州			沈阳			大连			营口			备注
	投标价格(1)	修正价格(2)	差额(2)-(1)	投标价格(1)	修正价格(2)	差额(2)-(1)	投标价格(1)	修正价格(2)	差额(2)-(1)	投标价格(1)	修正价格(2)	差额(2)-(1)	
总价									0				
总计	无误			无误			无误			无误			

备注:1. 摘出发现错误的项;

2. 投标书中未发现错误的,在表中注明"无误"。

表6 算术修正后的投标报价与标底对照总表

单位:元

项目号	项目名称	锦州		沈阳		锦州		营口		复合标底	备注
		投标报价	修正后投标报价	投标报价	修正后投标报价	投标报价	修正后投标报价	投标投价	修正后投标报价		
1	临时工程	750000	750000	244804	244804	0	0	157200	157200	681781	
2	主体迁建工程	12062171	12062221	9655083	9655082	12205236	12205237	8621208	8621208	11714644	
3	备用金	600000	600000	600000	600000	600000	600000	600000	600000	600000	
	合计	13412171	13412221	10499887	10499886	12205236	12805237	9378408	9378408	12996425	

表7 主要包干价和建筑物综合价对照表

项目号	工程名称	单位	建筑面积	复合标底 合价	标底 合价	沈阳 合价	大连 合价	锦州 合价	营口 合价
一	临时工程			681780.67	979560	244804	0	750000	157200
101	住房和仓库	L.S		415412.50	614560	162395		400000	86400
102	供风系统	L.S		10000.00	20000				
103	供水系统	L.S		31079.17	35000	12275		50000	19200
104	供电系统	L.S		52333.33	70000	19000		70000	15000
105	通迅系统	L.S		11183.33	10000	2000		30000	5100.00
106	临时施工道路	L.S		73605.67	100000	29134		100000	12500.00
107	进场费	L.S		36666367	50000	10000.00		50000.00	10000.00
108	退场费	L.S		51500.00	80000	10000		50000	9000
二	主体工程		3770.12	11714643.96	12793350.98	9655082.00	12205236.16	12062221.13	8621208.48
	山门	m²	102.56	342623.03	377073.47	330679.00	302446.81	346386.36	253178.15
	角门	m²	80	71630.27	100642.96	34535.00	37821.52	58333.53	39780.28
	钟(鼓)楼	m²	191.4	479974.64	574349.60	230623.00	489448.16	613055.00	209272.54
	东(西)更房	m²	148.0	276233.70	335498.86	135776.00	273574.16	330006.05	128517.97
	天王殿	m²	136.61	349756.46	359104.72	332228.00	346948.81	409332.00	273123.98
	书写殿	m²	205.00	476501.32	518496.00	423012.00	448412.68	505384.15	361217.74
	五佛殿	m²	205.00	493952.42	542480.58	400291.00	468300.25	532926.12	380179.63
	武王殿	m²	204.77	468323.26	535074.81	363921.00	429550.97	464917.0	347897.63
	药王殿	m²	205.00	465303.07	502913.36	396129.00	430639.15	496508.12	387494.82
	大殿	m²	855.10	2582349.40	2825017.7	2223664.00	2724332.87	2553543.5	1857184.02

表 7　主要包干价和建筑物综合价对照表

项目号	工程名称	单位	建筑面积	复合标底 合价	标底 合价	沈阳 合价	大连 合价	锦州 合价	营口 合价
	藏经阁	m²	314.75	809509.16	862371.33	696445.00	904907.07	781624.28	643611.57
	关公殿	m²	140.27	522315.07	564345.83	446064.00	641848.20	369417.275	463807.65
	舍利殿	m²	292.75	712847.63	772007.08	604515.00	710347.75	758592.82	541297.15
	弥勒殿	m²	140.00	315259.66	327719.43	273543.00	312178.77	369417.275	256060.50
	东配殿	m²	123.00	292801.21	309055.68	261135.00	286066.49	336638.1	222347.34
	东石佛仓大殿	m²	219.84	636022.98	691919.32	604434.00	600027.89	632042.7	484001.99
	东石佛仓东配殿	m²	79.06	198068.05	218401.47	160697.00	189449.22	210509.585	150382.68
	东石佛仓西配殿	m²	79.06	191994.84	215319.51	148030.00	176992.04	210509.585	139149.06
	东石佛仓山门	m²	47.95	153313.23	166792.37	126419.00	143575.25	184233.54	105108.56
	石狮			28120.39	18290.24	20000	95901.77	21944.4	13956.00
	围墙			982174.70	1132758.41	718829.00	919991.38	1072111.5	615432.09
	月亮门			16284.26	16266.86	12289.00	17673.16	23214.06	12030.41
	排水、消防设施			223749.33	174393.74	199997.00	560289.59	175263.46	156869.65
	甬路、散水			590399.51	653057.65	490902.00	495698.90	580607.29	553757.27
	井			70272.81		20925.00	198913.21	35703.23	25549.78
三	暂定金额			600000.00	600000.00	600000.00		600000.00	600000.00
	合计			12996424.63	14372910.98	10499886.0	12205236.2	13412221.13	9378408.48

表 8　资格审查表

序号	内容	沈阳	大连	锦州	营口
1	合法性	合法	合法	合法	合法
2	资质等级	三级	二级	四级	四级
3	财务状况	良好	正常	正常	正常
4	人员及设备	充足	充足	满足	充足
5	近三年营业状况	很好	良好	良好	良好
6	业绩与经验	优良	优好	良好	优良
结论		合格	合格	合格	合格

表 9　授标建议

中标人名称	沈阳市敦煌古代建筑工程公司
中标人地址	沈阳市×××区××路××号　　110011
法定代表人（或委托代理人）	柴勇
电话、传真	2486××××　2484××××
投标报价	10499887.00 元（人民币）
评标价格	1093.88 万元（人民币）
预计合同价	1086.63 万元（人民币）

6. 关于同意沈阳敦煌为中标单位的批复

关于同意沈阳敦煌古代建筑工程公司
为惠宁寺迁建工程中标单位的批复

辽文物发〔2002〕25 号

省文物考古研究所：

你所上报《关于拟定沈阳敦煌古代建筑工程公司为北票惠宁寺迁建工程中标单位的请标》已收悉。经研究，批复如下：

1. 原则同意所报方案，即沈阳敦煌古代建筑工程公司为惠宁寺迁建工程中标单位和惠宁寺大殿及石佛仓正殿的施工任务由大连市古建园林公司承担。

2. 为保证工程质量，同意聘请河北古代建筑保护研究所承担工程的监理任务。

3. 接此批复后，抓紧时间与两家施工单位签订施工合同。但应以沈阳敦煌古代建筑工程公司的投标报价为准。

4. 鉴于白石水库已开始蓄水，为保证工期和文物安全，应及时组织两家施工单位进场开展工作。在施工过程中，应加强对施工单位的监督和管理，以保证迁建工程的质量。

此复

二〇〇二年四月五日

7. 中标通知书

文物保护工程中标通知书

中标单位	沈阳市敦煌古代建筑工程公司
招标单位	辽宁省文物考古研究所
文物工程地址	辽宁省北票市下府乡
工程名称	北票市"省级文物保护单位"——"惠宁寺"
建筑面积（m²）	4594.92
工程性质	"文物保护单位"迁建工程
中标总价（元）	柒佰捌拾壹万伍仟叁佰伍拾肆元（7815354）
开竣工日期	2002 年 4 月 10 日～2005 年 4 月 10 日
修缮质量标准	执行国家文物修缮标准；质量等级"优质"
范围	山门、角门、钟（鼓）楼、东（西）更房、天王殿、书写殿、五佛殿、五王殿、药王殿、藏经阁、关公殿、舍利殿、弥勒殿、配殿、围墙、甬路及散水、边门、师佛仓东西配殿、师佛仓山门、石碑石狮、伊湛那希井
说明	以实际发生的工程量结算

1. 通过评标，决定你单位中标，特此通知。

2. 邀请招标。

辽宁省文物考古研究所

2002 年 4 月 6 日

8. 惠宁寺迁建工程技术验收会议纪要

惠宁寺迁建工程技术验收会议纪要

会议名称	惠宁寺迁建工程技术验收评审会		
会议地点	北票宾馆四楼会议室		
会议日期	2005 年 5 月 12 日～13 日	会议时间	2005 年 5 月 13 日 8：00～18：00
评审小组 日程安排	5 月 12 日 19：00～22：00	审验监理单位分部分项工程质量检验资料； 审查施工单位技术资料和质量管理资料	
	5 月 13 日 8：00～18：00	对交验工程进行现场评验	
		听取辽宁省文物考古研究所关于惠宁寺迁建工程 的总体汇报； 听取施工单位竣工总结报告； 与会专家发表评审意见	
		综合评审意见 评定工程质量	
出席人	评审组专家	罗哲文　李竹君　杨新　郭建永　梁桐	
	辽宁省文化厅、文物处	张春雨　李向东	
	惠宁寺迁建工程领导小组 及办公室成员	张春雨　王晶辰　王艳彬　李振勇 华玉冰　孙立学　潘永胜　赵志伟	
	白石水库建管局	王辉	
	朝阳市文化局	李振勇　米培林　刘贵廷	
	北票市政府	王艳彬	
	施工单位	沈阳敦煌古代建筑工程公司 大连市古建园林工程公司	
	监理单位	河北省古代建筑保护研究所	
主持人	王晶辰		
评审组长	罗哲文		

辽宁省惠宁寺为辽西地区现存规模最大、保存最完整的藏传佛教寺院，1988 年由辽宁省人民政府公布为省重点文物保护单位。惠宁寺迁建工程自 2002 年 4 月 15 日开始落架至 2004 年 10 月 15 日主体全部完工，历时迁三年。此项工程由辽宁省文物考古研究所负责组织和管理；委托河北省古代建筑保护研究所对修复过程进行监理，修复实施由沈阳敦煌古代建筑工程公司和大连市古建园林工程公司两家公司共同承担。

2005 年 4 月 15 日施工单位提交验收申请报告，辽宁省文物考古研究所邀请和组织各方面专家组成了评审小组，并于 5 月 13 日在惠宁寺现场举行了技术验收评审会议，现将与会专家的验收评审情况综合如下：

一、工程评审意见

1. 惠宁寺工程按照文物保护法规定成了"依法保护，搬迁整修"；

2. 在维修方案的制订和实施维修过程中，迁建工程的组织和管理体系完备，各有关单位相互协调、相互配合、相互支持，做到了科学设计、精心施工；

3. 实施落架维修前准备工作充分有序，修复过程质量保证资料、技术档案资料齐备。

4. 不仅注意了对原构件的保护，而且最大限度的保存了原状，构件更换率较低，建筑的真实性得到了较好的保护；

5. 施工过程中未发生人身及火灾等安全事故；

6. 对工程的重要部位进行了改进和加强，大木构件严丝合缝，屋面进行了有效的防水处理，瓦顶补配的瓦兽件接合自然，而且新旧具有可识别性；

7. 是一项成功的搬迁工程，同意工程验收。

二、建议

1. 及时制定惠宁寺文物保护规划，正确处理好"有效保护，合理利用"的关系，充分发挥其文物价值，为北票的地方经济和旅游发展起到促进作用；

2. 惠宁寺旧址内的古树非常重要，不仅反映了惠宁寺的建设历史，又是其相关的附属文物，应当充分考虑和研究将其移植的可行性；

3. 惠宁寺文物价值较高，建议将来申报国家重点文物保护单位；

4. 惠宁寺迁建修复是一个成功的范例，省内可以申报文物修缮优质工程。

三、要求

1. 外围红墙泛碱情况需要查明原因进行整治；

2. 壁画切缝与画面不协调的部分进行修补和处理；

3. 局部未完的零星工程抓紧完善。

评审组专家成员：

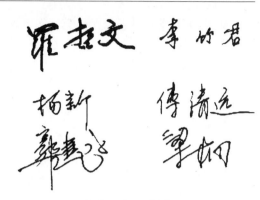

二〇〇五年五月十三日

惠宁寺迁建工程验收会议主要人员简况

姓名	职务、职称
张春雨	辽宁省文化厅副厅长 惠宁寺迁建工程领导小组组长
王晶辰	辽宁省文物考古研究所所长 惠宁寺迁建工程领导小组副组长
李振勇	朝阳市文化局副局长 惠宁寺迁建工程领导小组副组长
王艳彬	北票市政府副市长 惠宁寺迁建工程领导小组副组长
李向东	辽宁省文物保护中心副主任
华玉冰	辽宁省文物考古研究所副所长 惠宁寺迁建工程办公室主任
孙立学	惠宁寺迁建工程办公室副主任
专家评审组成员	
罗哲文	国家文物局古建筑保护专家组组长 教授级高级工程师
李竹君	中国文物研究所高级工程师
傅清远	中国文物研究所总工程师、高级工程师
杨新	中国文物研究所高级工程师
郭建永	河北省古代建筑保护研究所高级工程师
梁桐	河北省古代建筑保护研究所工程师

9. 关于下发北票惠宁寺移交工作会议纪要的通知

关于下发北票惠宁寺文物保护
工程移交工作会议纪要的通知

辽文物发〔2006〕28 号

北票市政府：

　　省级文物保护单位——惠宁寺的迁建工程已经全部竣工。为了切实做好惠宁寺迁建工程竣工后的相关工作，3 月 23 日，惠宁寺迁建工程领导小组在北票市召开了"北票惠宁寺文物保护工程移交工作会议"。现将会议纪要下发给你们，请按照会议精神开展相关工作。

　　特此通知。

　　附件：北票惠宁寺文物保护工程移交工作会议纪要

二〇〇六年三月二十七日

　　抄送：省水利厅、省文物考古研究所、朝阳市文化局

北票惠宁寺文物保护工程移交工作会议纪要

　　3 月 23 日，惠宁寺迁建工程领导小组在北票市召开了"北票惠宁寺文物保护工程移交工作会议"。惠宁寺迁建工程领导小组组长张春雨，副组长王艳彬、姜铁成、王晶辰、李振勇，省文化厅文物（博物馆）处处长许红英、省考古研究所惠宁寺迁建工程办公室副主任孙立学、朝阳市文化局文管办副主任刘贵廷、北票市文化局局长潘永胜等有关同志参加了会议。

　　会议充分肯定了惠宁寺迁建工程的总体成绩。惠宁寺迁建工程始终坚持《文物保护法》的有关规定，严格履行工作程序，为我省古建筑整体搬迁积累了宝贵经验。为进一步做好惠宁寺迁建工程竣工后的各项工作，经会议研究，明确工作事项如下：

　　一、自 2006 年 4 月 1 日起，将北票惠宁寺交回北票市文化局管理。北票市文化局要依据《文物保护法》有关规定做好惠宁寺的日常保护、管理、宣传、展示和安全保卫工作。

　　二、由省文物考古研究所协调相关单位，落实惠宁寺大墙外排水沟的修砌工作；由省

文物考古研究所负责惠宁寺院内开凿饮水井、更换消防水泵、修建变压器围栏等项工作。

三、惠宁寺移交北票市文化局管理后，朝阳市文化局、北票市文化局要密切关注并切实做好惠宁寺的各项文物保护工作。省文物局将在业务上继续对惠宁寺的文物保护工作予以指导、协调和帮助。

二〇〇六年三月二十七日

10. 消防验收合格证书

朝阳市消防局
建筑工程消防验收意见书

朝公消验字〔2005〕111 号

辽宁省文物考古研究所：

　　根据你单位于 2005 年 10 月 18 提出的申报，我局依据《中华人民共和国消防法》第十条和有关国家建筑工程消防技术标准，对惠宁寺新建寺庙及消防水池工程（地址：北票下府；寺庙数：20 座；总面积：4000 平方米；层数：1 层；使用性质：寺庙）进行消防验收。意见如下：

消防验收合格

2006 年 10 月 22 日

11. 防雷装置验收合格证

后　记

　　惠宁寺迁建保护工程先后历时近十年终修成正果，这中间很多人付出了辛勤的劳动。它的前期准备工作（勘查、测绘、方案设计等）是由辛占山（辽宁省文物考古研究所原所长）、张克举（辽宁省文物考古研究所原副所长）、张越、李向东（现任辽宁省文物保护中心主任）组织全省的古建筑维修技术骨干倪尔华、蔡肖、张云峰、鲁宝林等同志来做的。

　　在资金方面得到了辽宁省水资源总公司、白石水库建设管理局的理解与支持，使工程得以顺利进行。另外，北票市政府、北票市文化局、北票市文物管理所对本工程也给予了必要的帮助。

　　惠宁寺中轴线以外部分建筑的线图是由沈阳故宫古建园林工程公司的柴华和周静协助绘制的。

　　在报告出版之际，一并向上述单位和个人表示诚挚的谢意。

　　由于水平所限，本报告肯定有错误或不妥之处，恳请专家和同行批评指正。

实 测 图

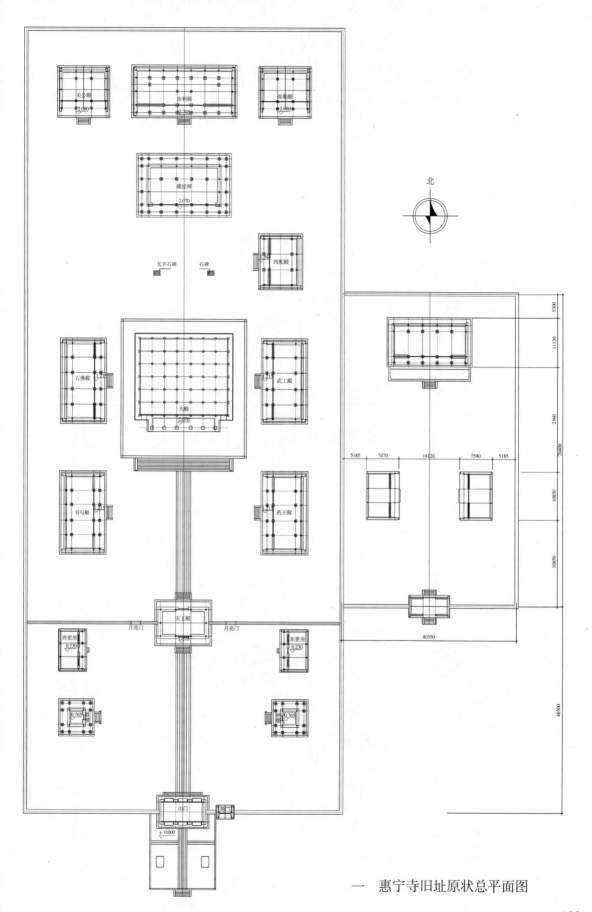

一　惠宁寺旧址原状总平面图

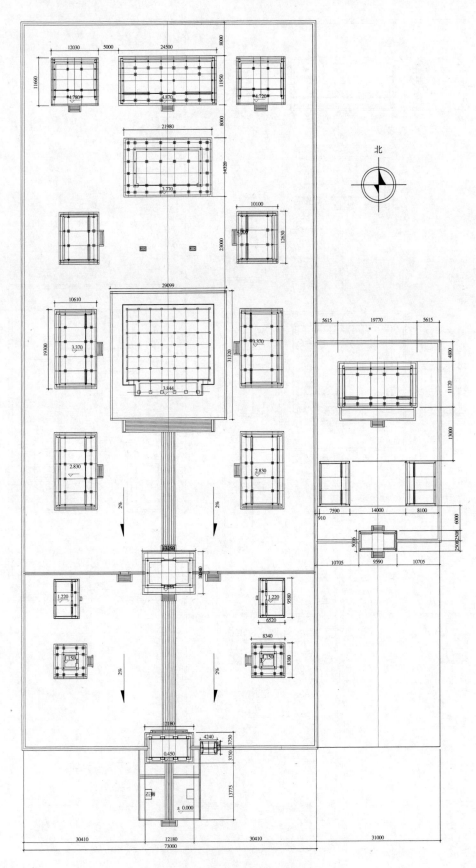

北

二　惠宁寺迁建新址总平面图

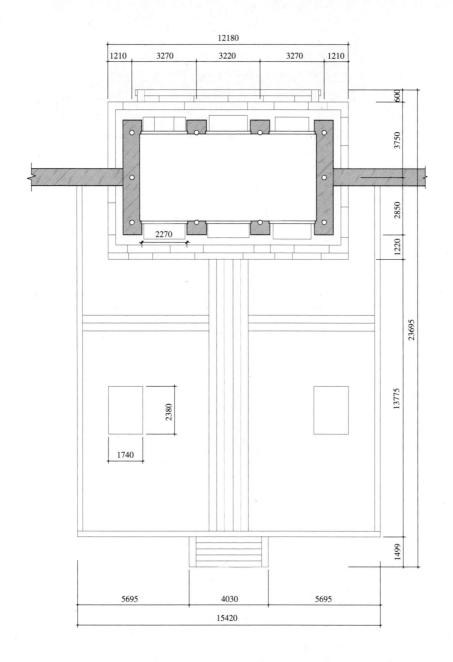

三　山门平面图

四　山门正立面

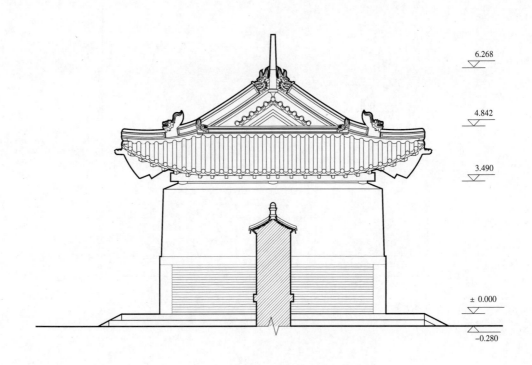

五　山门侧立面

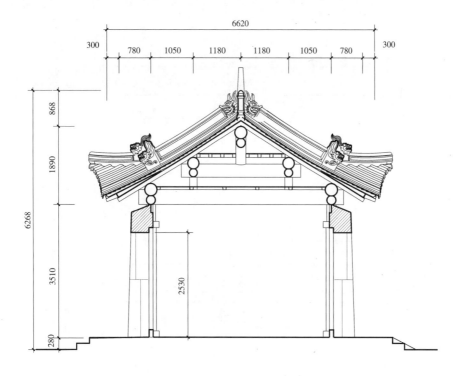

六　山门横剖面

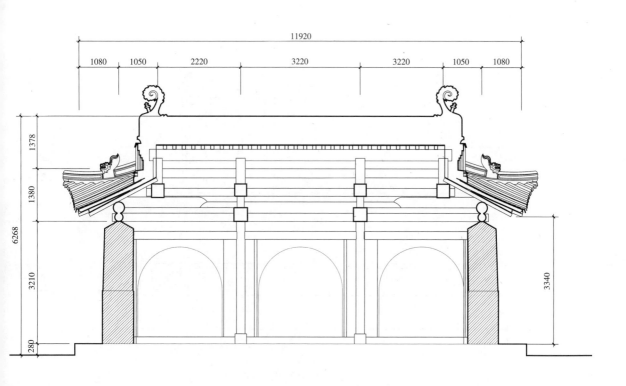

七　山门纵剖面

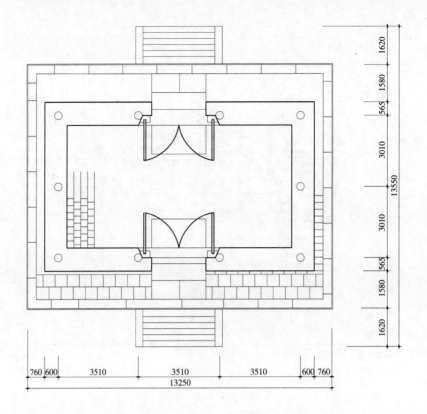

八　天王殿平面图

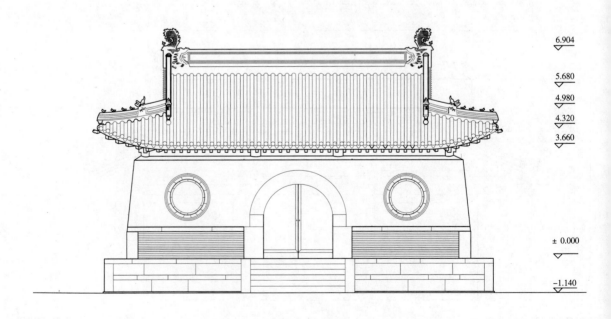

九　天王殿正立面

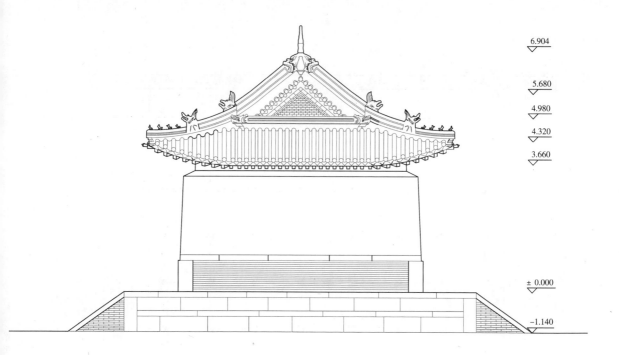

十　天王殿侧立面

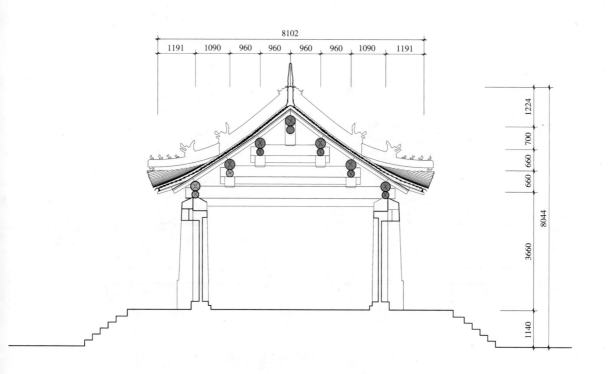

十一　天王殿横剖面

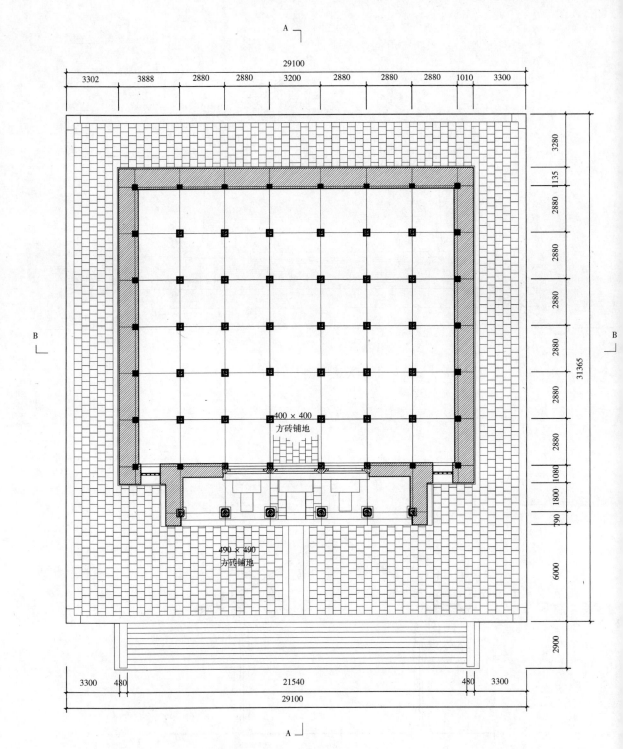

十二 大经堂一层平面图

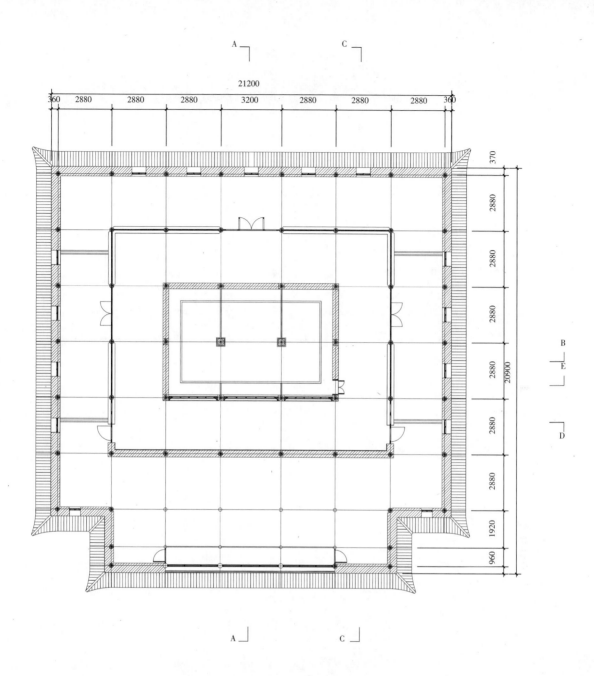

十三 大经堂二层平面图

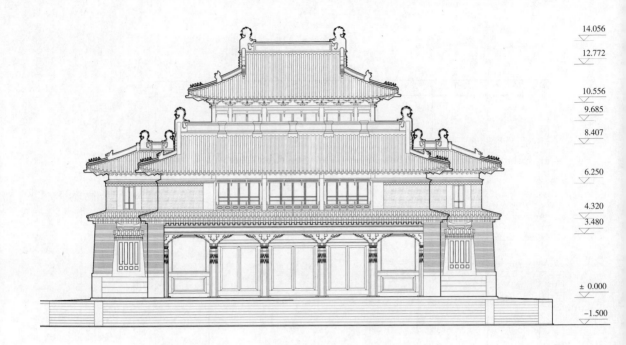

14.056

12.772

10.556
9.685
8.407

6.250

4.320
3.480

± 0.000

−1.500

十四　大经堂南立面图

14.056

12.772

10.556
9.685
8.407

6.250

4.320
3.480

± 0.000

−1.500

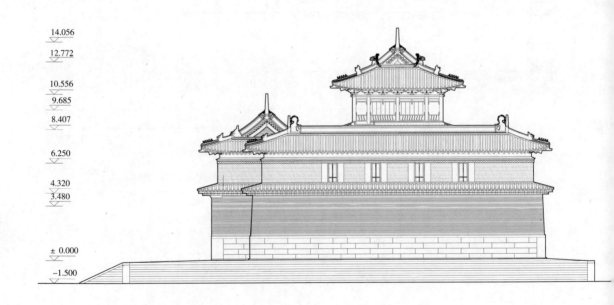

十五　大经堂东立面图

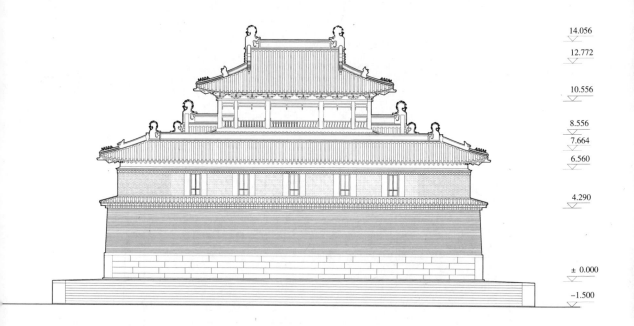

十六 大经堂北立面图

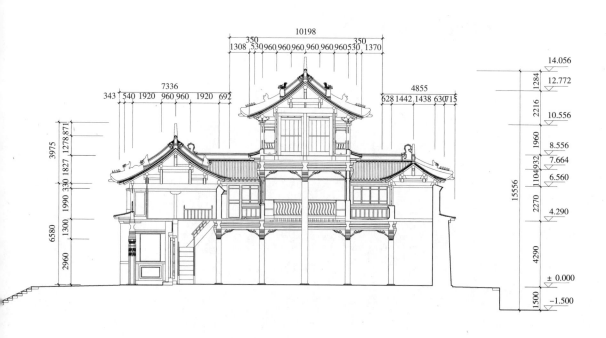

十七 大经堂 A-A 剖面图

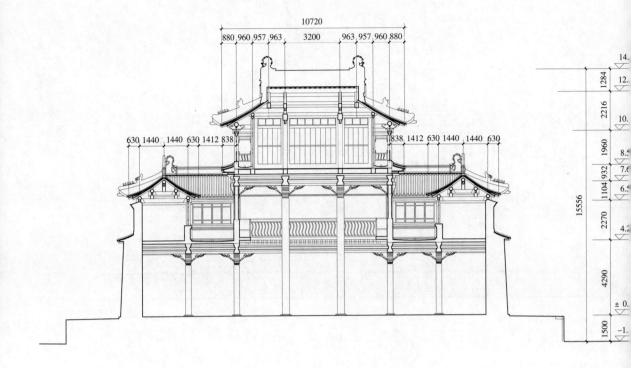

十八　大经堂 B–B 剖面图

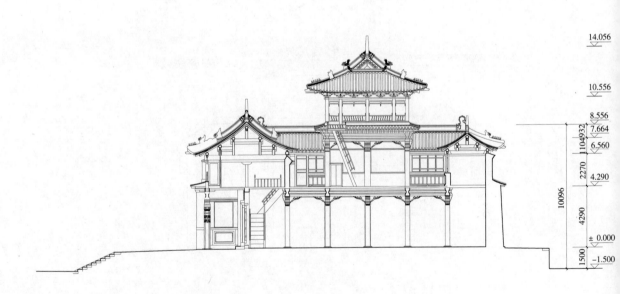

十九　大经堂 C–C 剖面图

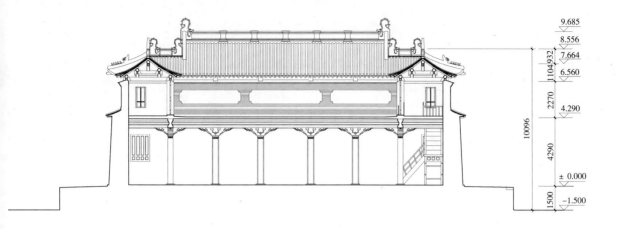

二十　大经堂D-D剖面图

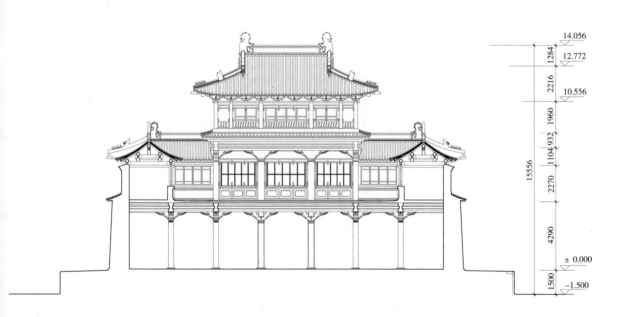

二一　大经堂E-E剖面图

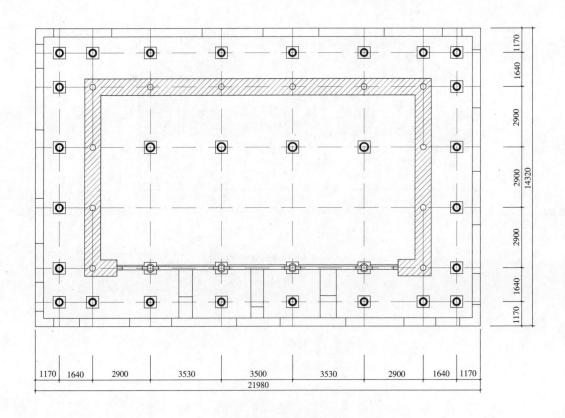

二二　藏经阁平面图

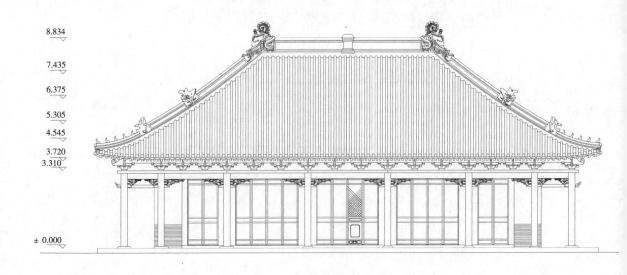

二三　藏经阁正立面图

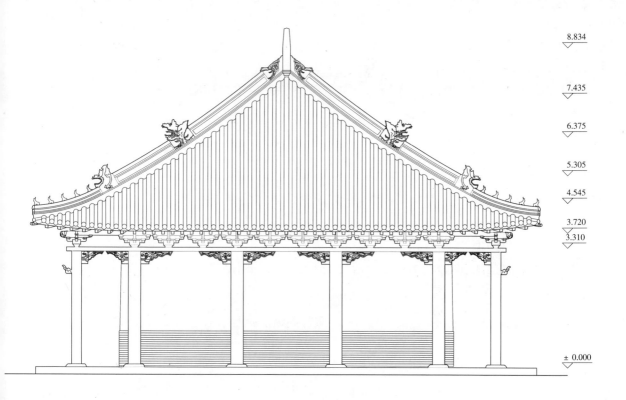

8.834

7.435

6.375

5.305

4.545

3.720
3.310

± 0.000

二四　藏经阁侧立面图

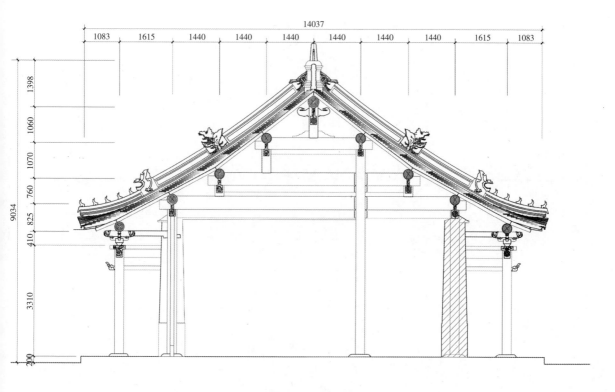

14037

1083　1615　1440　1440　1440　1440　1440　1440　1615　1083

1398

1060

1070

760

825

410

3310

200

9034

二五　藏经阁横剖面图

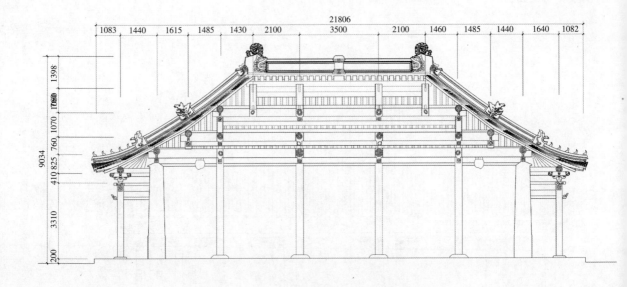

二六 藏经阁纵剖面图

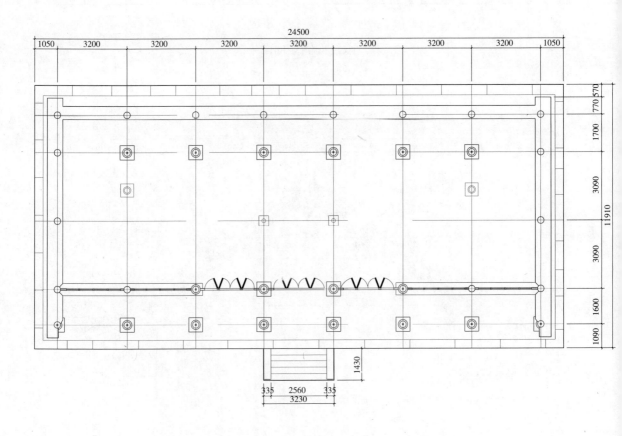

二七 舍利殿平面图

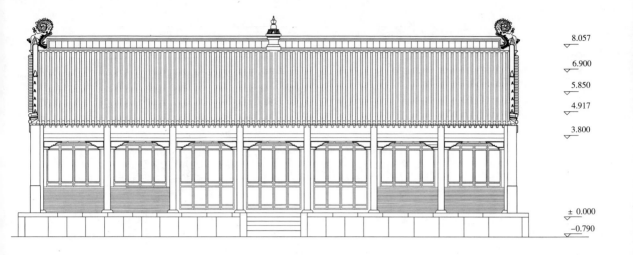

8.057

6.900

5.850

4.917

3.800

± 0.000

−0.790

二八　舍利殿正立面图

8.057

6.900

5.850

4.917

3.800

± 0.000

−0.790

二九　舍利殿侧立面图

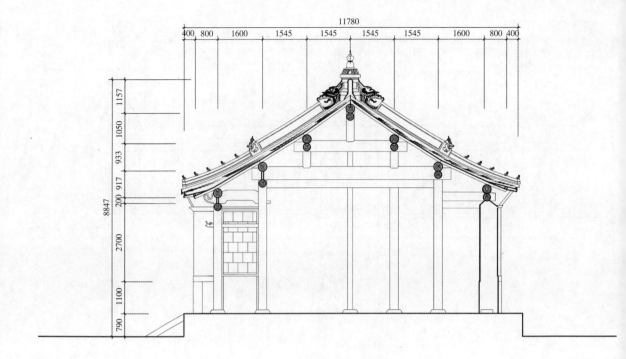

三十 舍利殿横剖面图

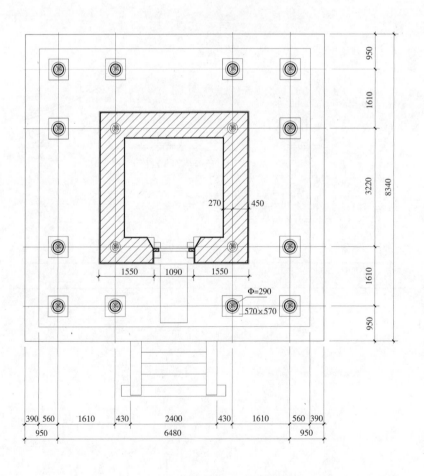

三一 钟鼓楼一层平面图

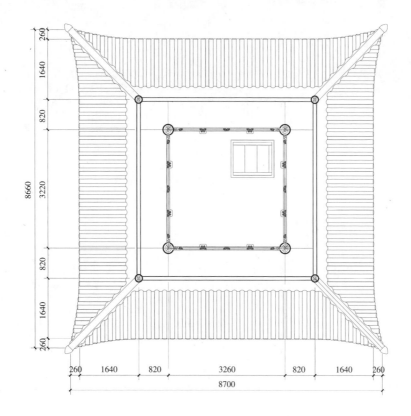

三二　钟鼓楼二层平面图

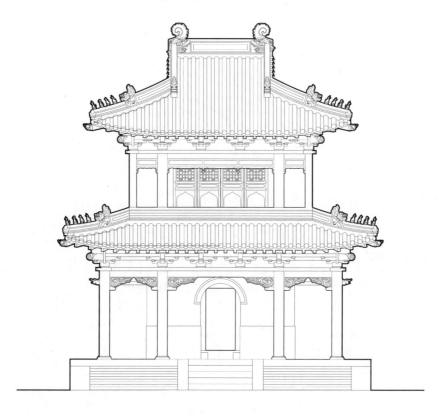

三三　钟鼓楼正立面图

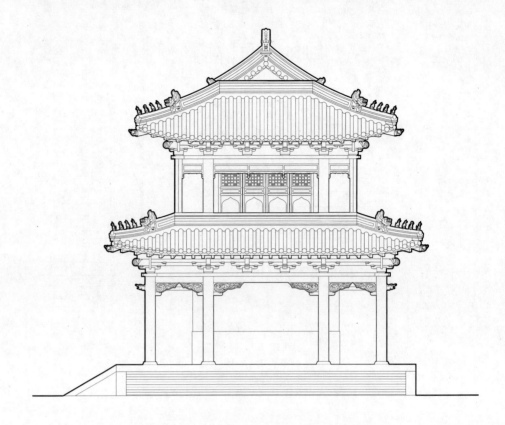

三四 钟鼓楼侧立面图

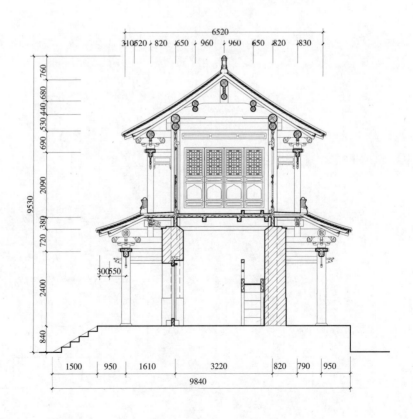

三五 钟鼓楼横剖面图

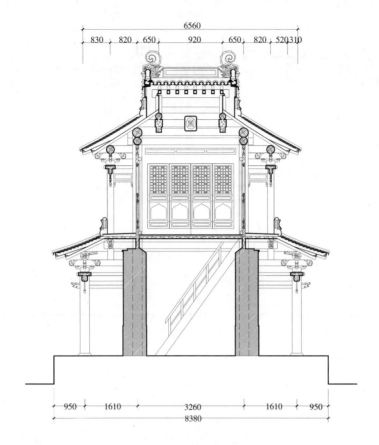

三六 钟鼓楼纵剖面图

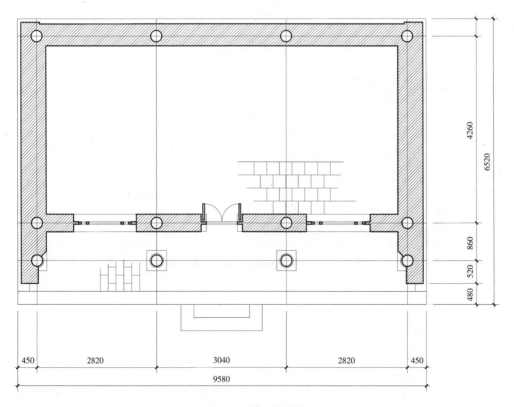

三七 更房平面图

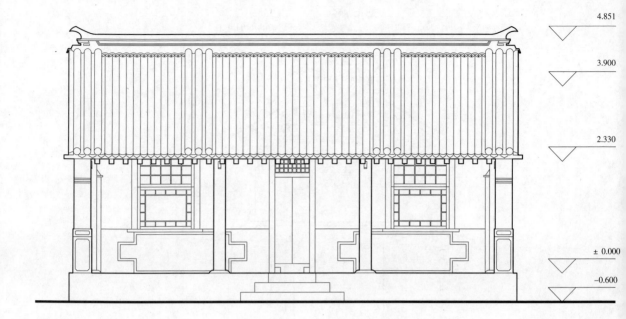

4.851

3.900

2.330

± 0.000

−0.600

三八　更房正立面

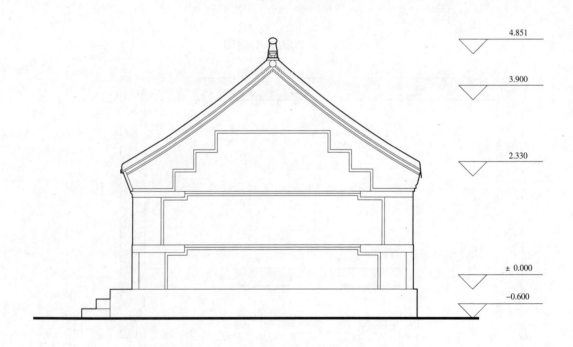

4.851

3.900

2.330

± 0.000

−0.600

三九　更房侧立面

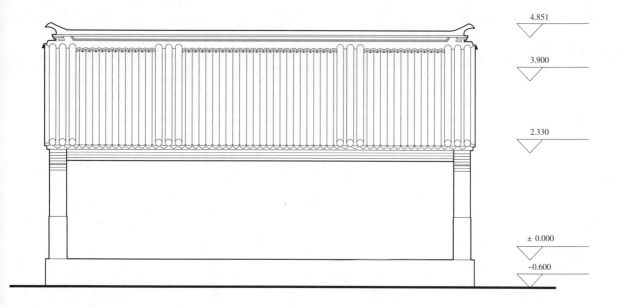

4.851

3.900

2.330

± 0.000

−0.600

四十　更房背立面

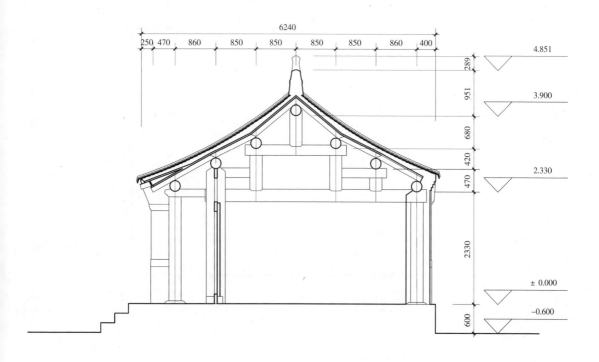

6240

250　470　　860　　　850　　　850　　　850　　　850　　　860　　400

289

951

680

420

470

2330

600

4.851

3.900

2.330

± 0.000

−0.600

四一　更房横剖面图

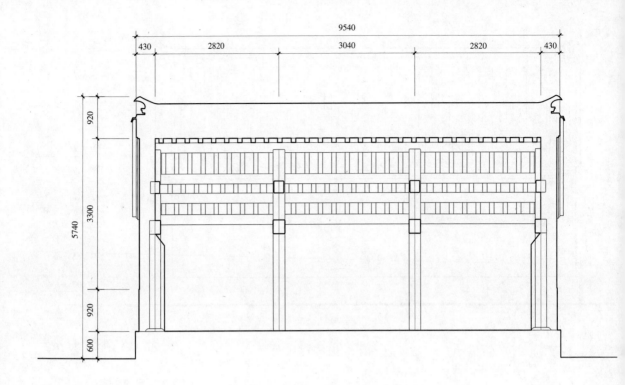

四二　更房纵剖面图

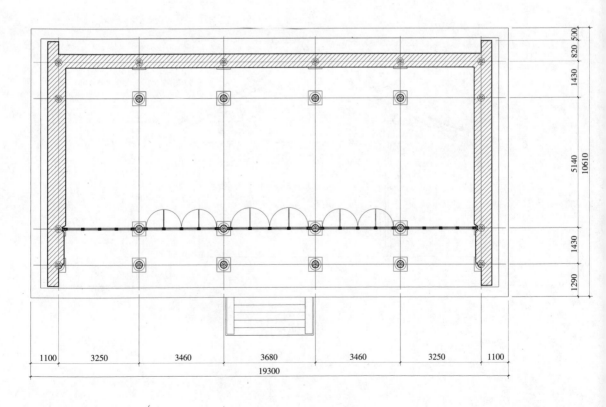

四三　书写殿平面图

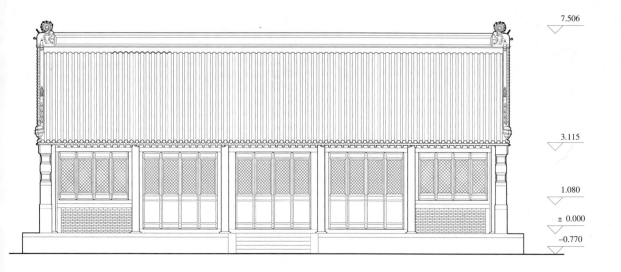

7.506

3.115

1.080

± 0.000
−0.770

四四　书写殿正立面图

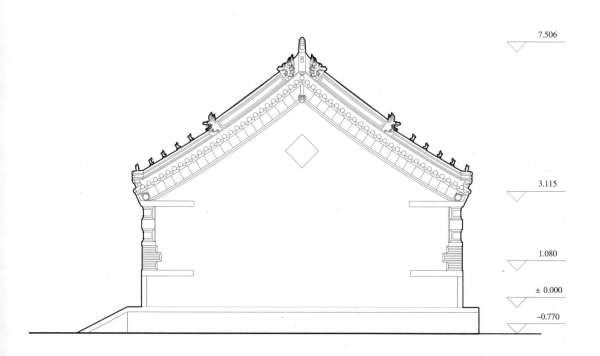

7.506

3.115

1.080

± 0.000

−0.770

四五　书写殿侧立面图

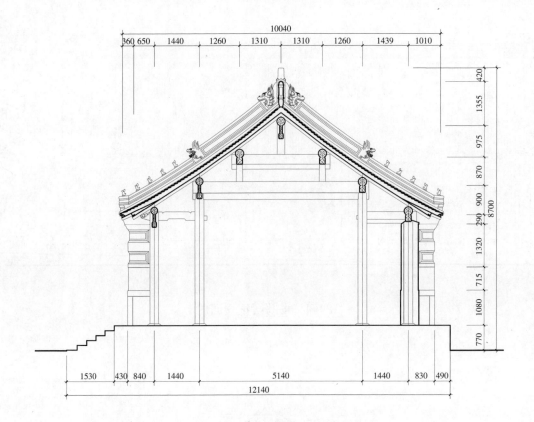

四立　书写殿横剖面图

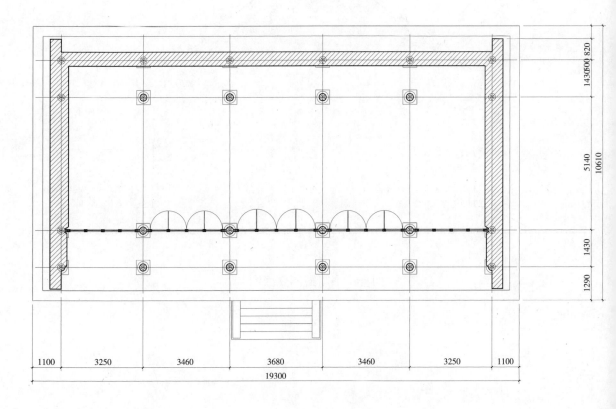

四七　药王殿平面图

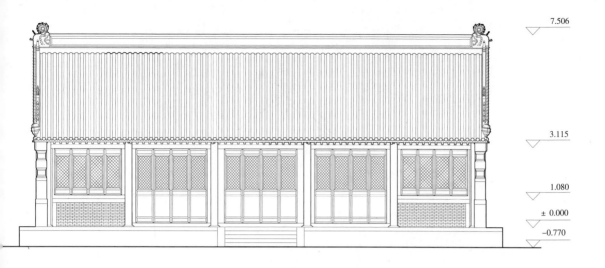

四八　药王殿正立面图

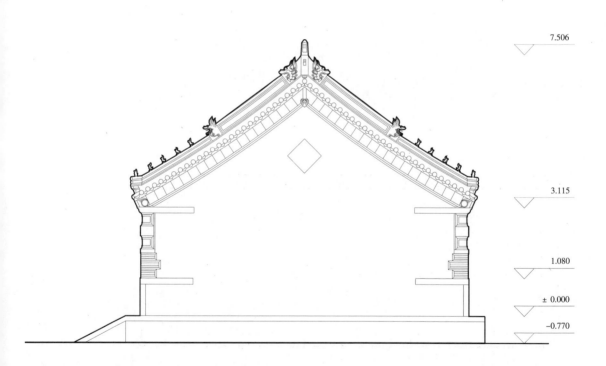

四九　药王殿侧立面图

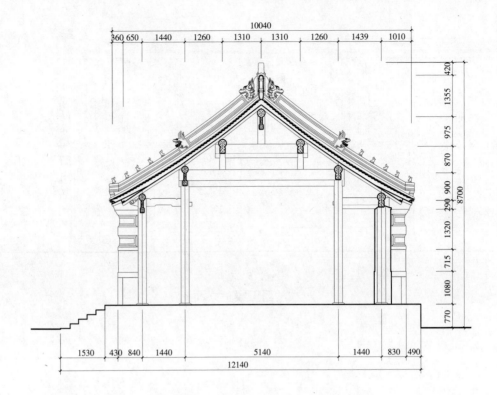

五〇　药王殿横剖面图

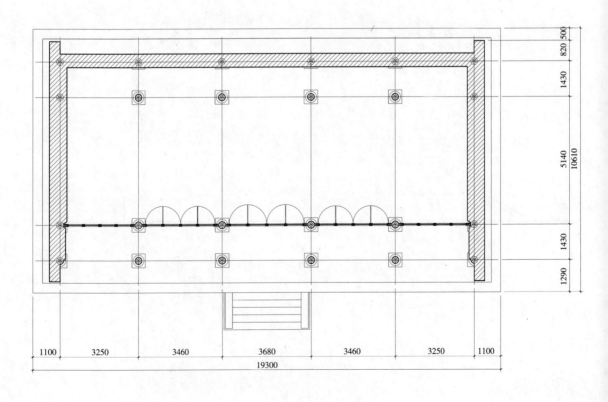

五一　武王殿平面图

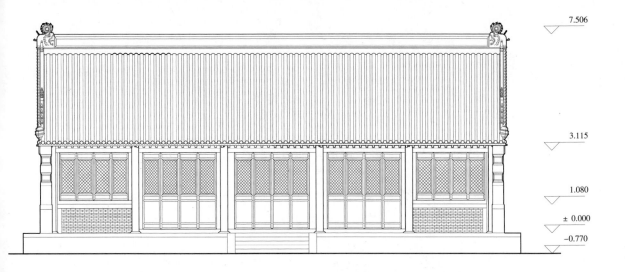

7.506

3.115

1.080

± 0.000
−0.770

五二　武王殿正立面图

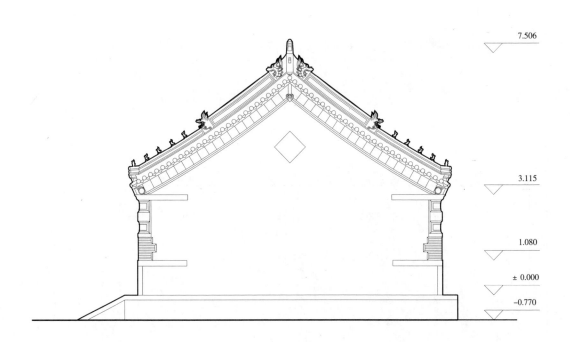

7.506

3.115

1.080

± 0.000
−0.770

五三　武王殿侧立面图

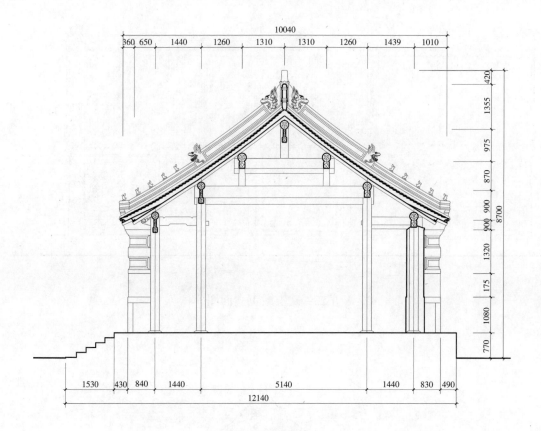

五四　武王殿横剖面图

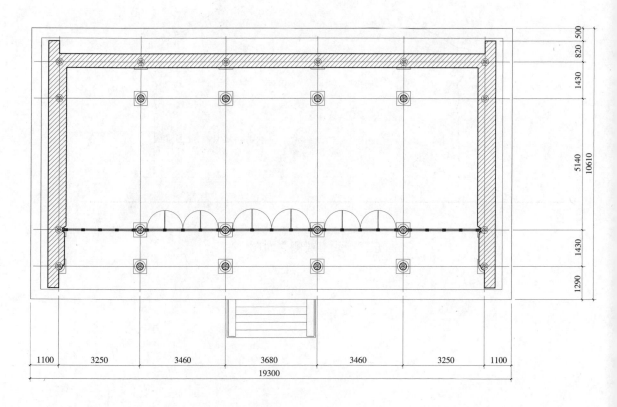

五五　五佛殿平面图

7.506

3.115

1.080

± 0.000

−0.770

五六　五佛殿正立面图

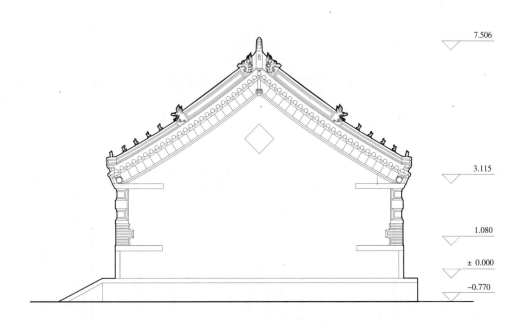

7.506

3.115

1.080

± 0.000

−0.770

五七　五佛殿侧立面图

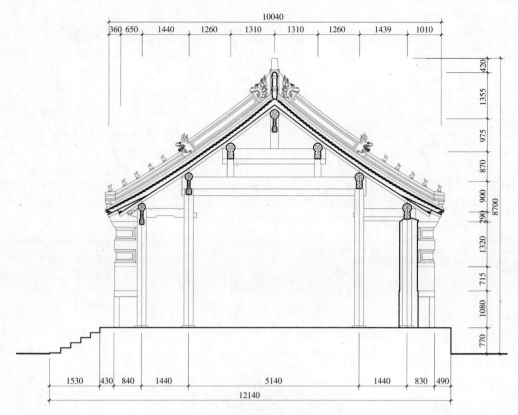

五八　五佛殿横剖面图

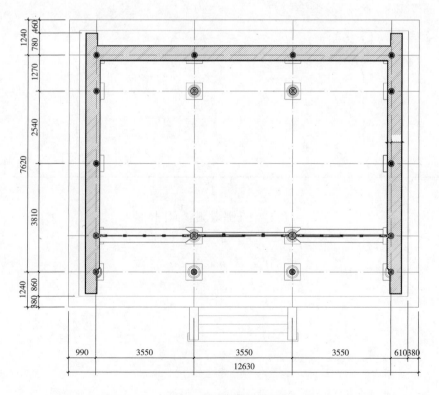

五九　东配殿平面图

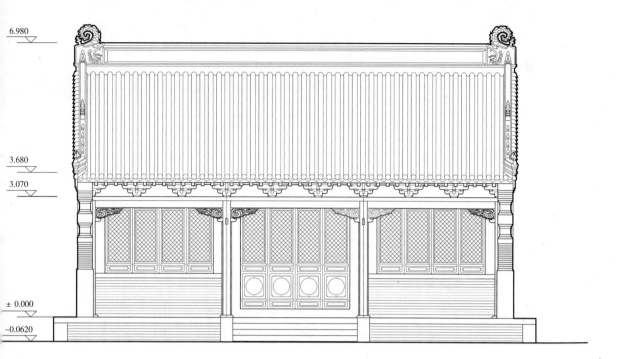

六十　东配殿正立面图

六一　东配殿侧立面图

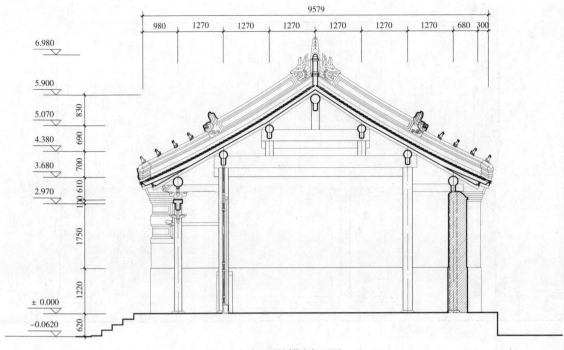

六二 东配殿横剖面图

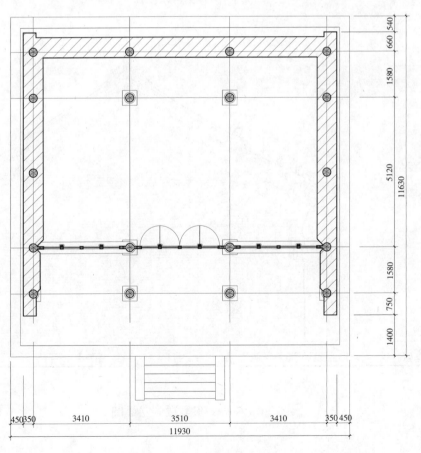

六三 关公殿平面图

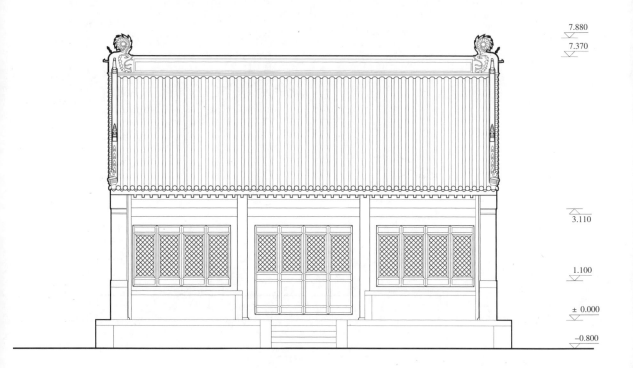

7.880
7.370

3.110

1.100

± 0.000

−0.800

六四 关公殿正立面图

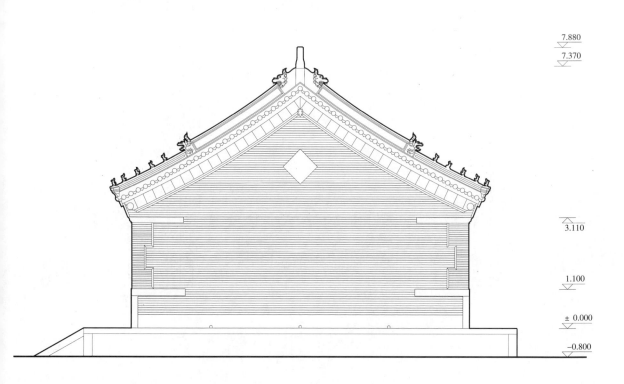

7.880
7.370

3.110

1.100

± 0.000

−0.800

六五 关公殿侧立面图

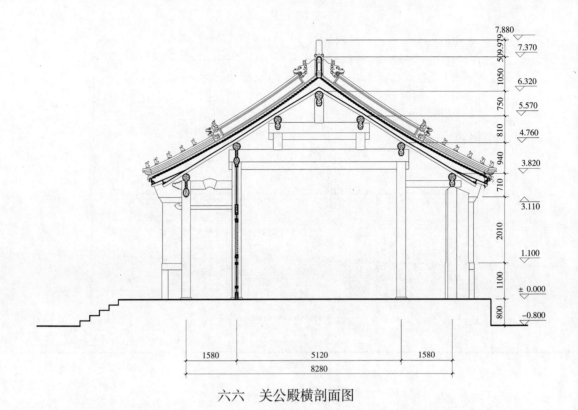

7.880
7.370
509.979
1050
6.320
750
5.570
810
4.760
940
3.820
710
3.110
2010
1.100
1100
± 0.000
800
−0.800

1580 5120 1580
8280

六六 关公殿横剖面图

540
660
1580
5120
11630
1580
750
1400

450 350 3410 3510 3410 350 450
11930

六七 弥勒殿平面图

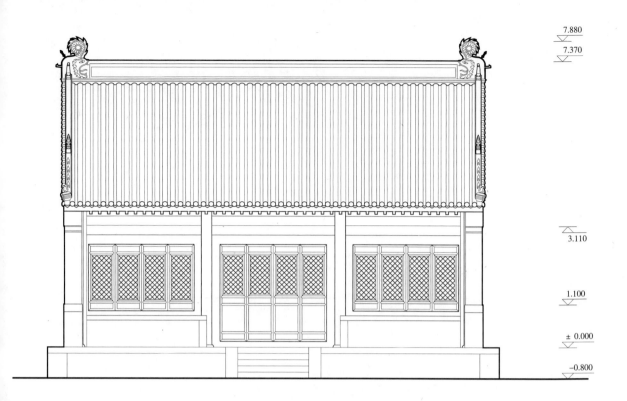

7.880
7.370

3.110

1.100

± 0.000

−0.800

六八　弥勒殿正立面图

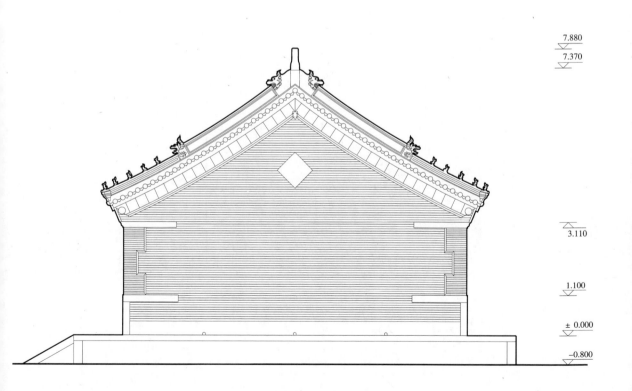

7.880
7.370

3.110

1.100

± 0.000

−0.800

六九　弥勒殿侧立面图

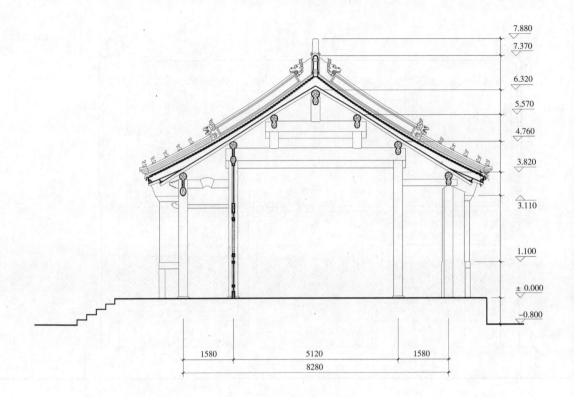

七○　弥勒殿横剖面图

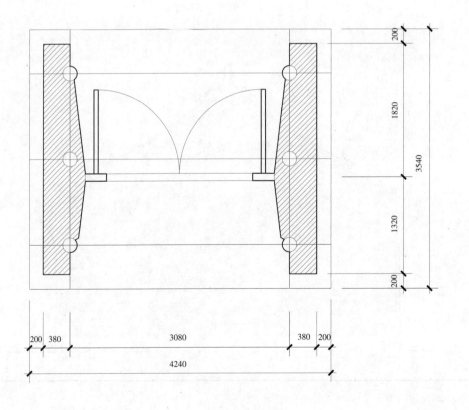

七一　角门平面图

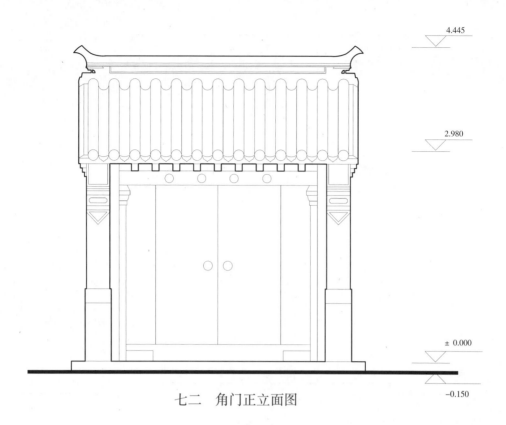

4.445

2.980

± 0.000

−0.150

七二　角门正立面图

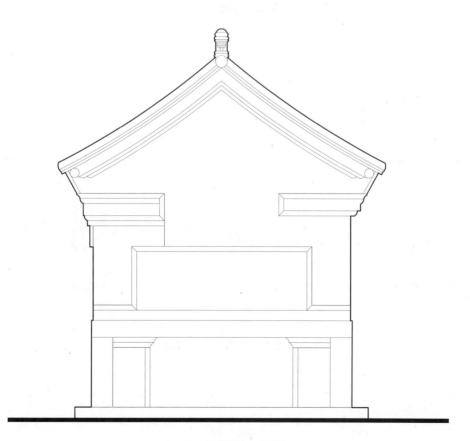

七三　角门侧立面图

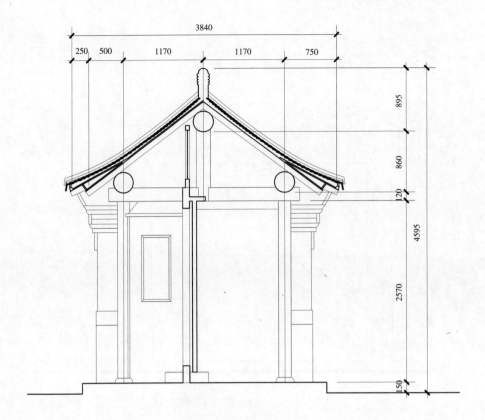

七四　角门剖面图

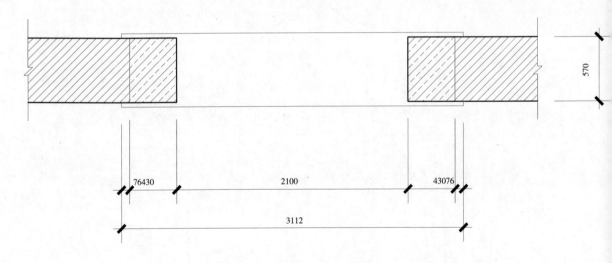

七五　月亮门平面图

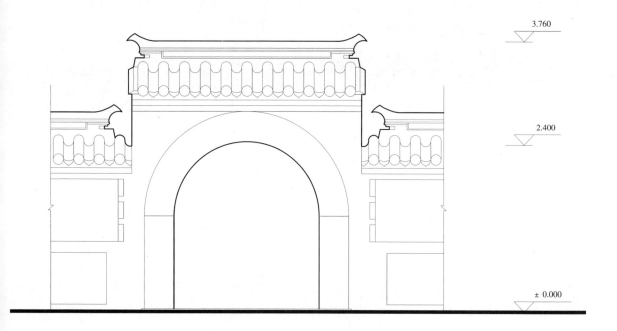

七六　月亮门正立面图

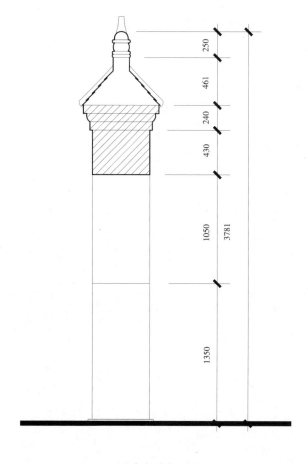

七七　月亮门剖面图

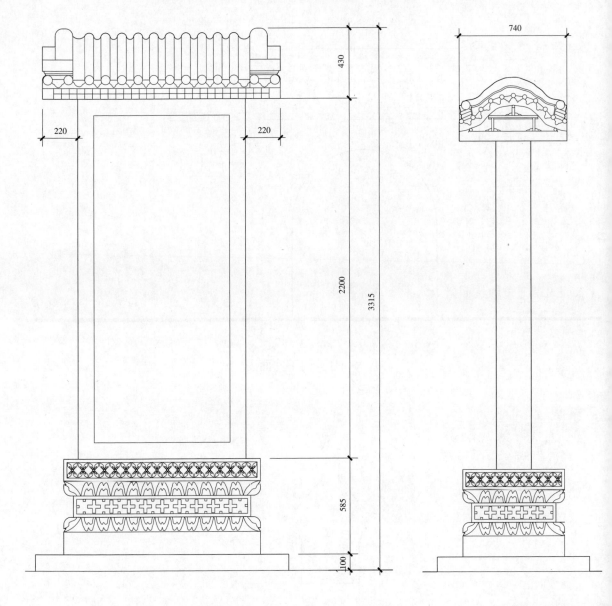

七八　石碑立面图

七九　石碑侧立面图

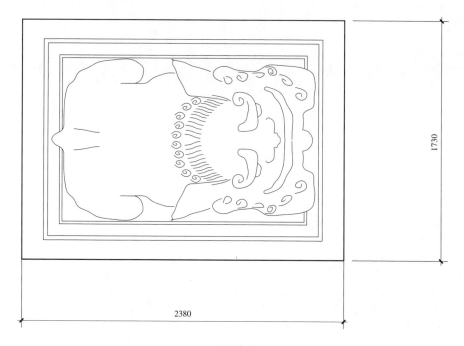

1730

2380

八〇 石狮俯视平面图

3198

八一 石狮正立面图

八二 石狮侧立面图

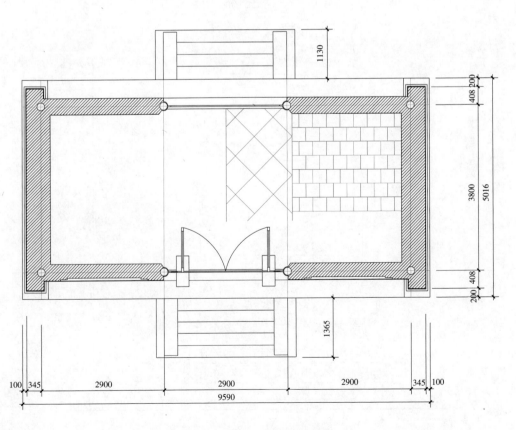

八三 师佛仓山门平面图

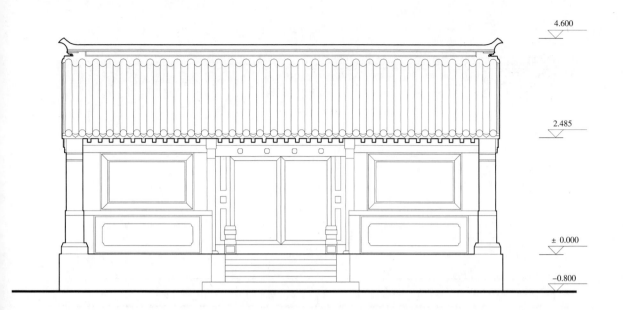

4.600

2.485

± 0.000

−0.800

八四　师佛仓山门正立面图

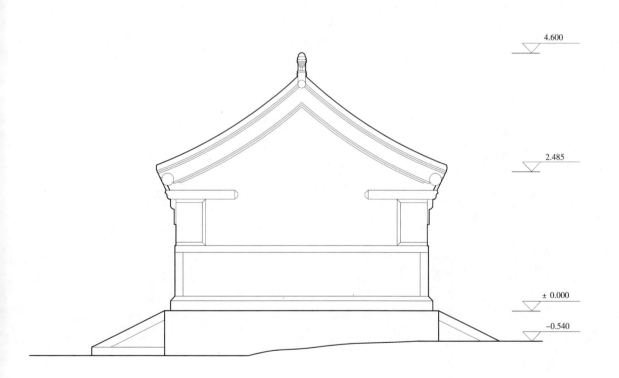

4.600

2.485

± 0.000

−0.540

八五　师佛仓山门侧立面图

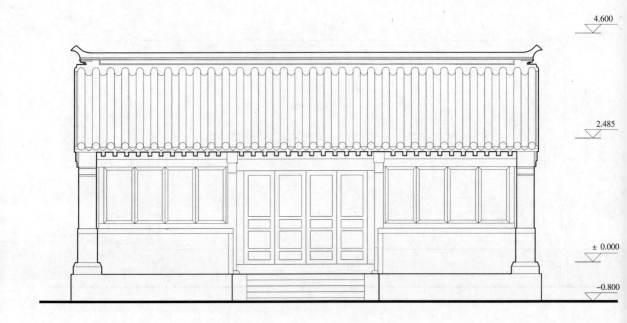

八六 师佛仓山门背立面图

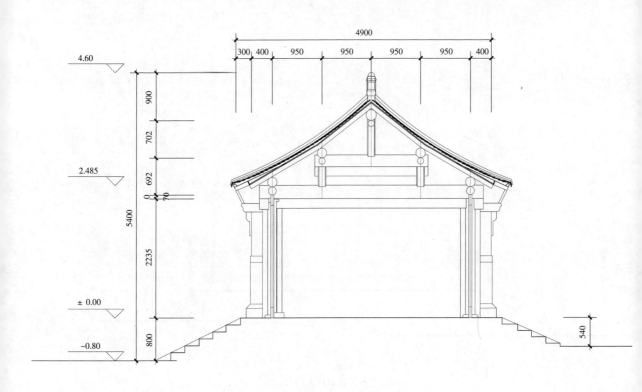

八七 师佛仓山门横剖面图

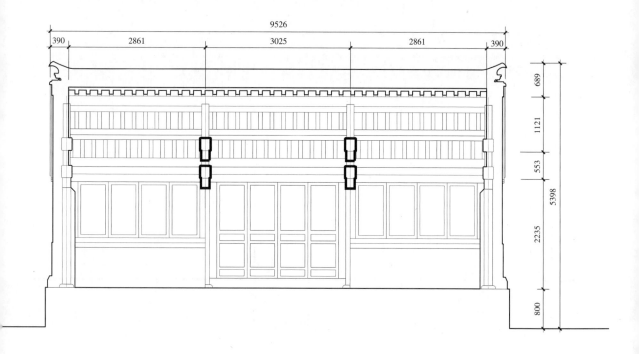

八八　师佛仓山门纵剖面图

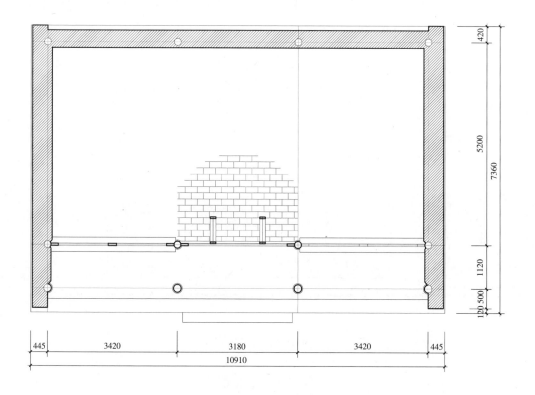

八九　师佛仓东配殿平面图

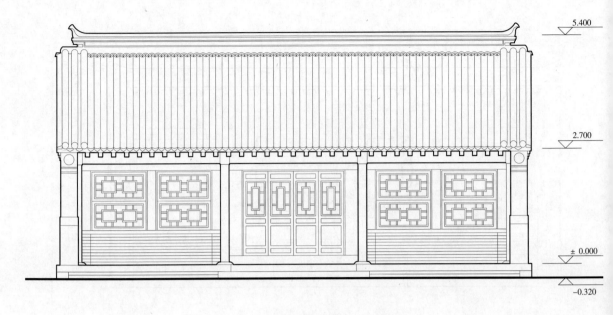

五 〇　师佛仓东配殿正立面图

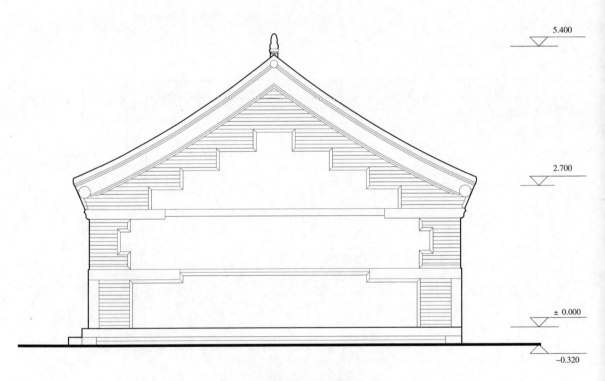

九一　师佛仓东配殿侧立面图

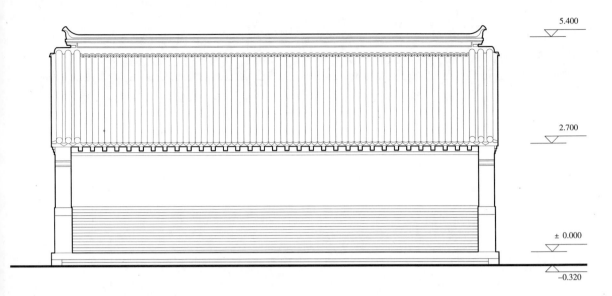

九二　师佛仓东配殿背立面图

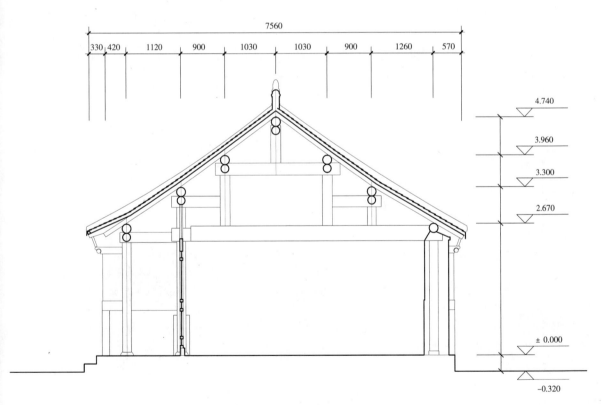

九三　师佛仓东配殿横剖面图

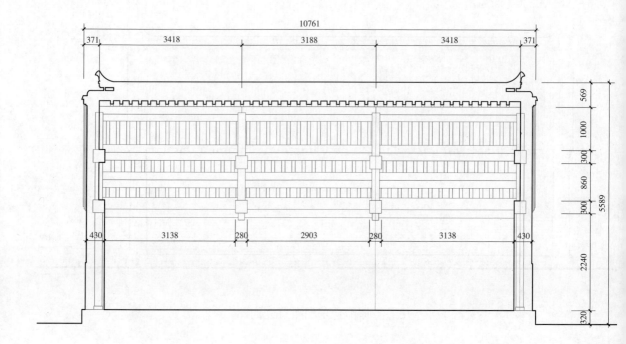

九四 师佛仓东配殿纵剖面图

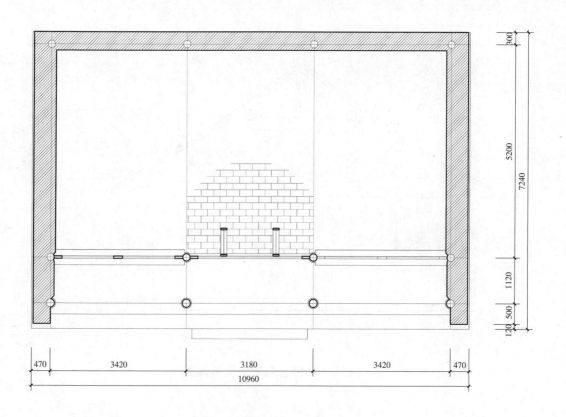

九五 师佛仓西配殿平面图

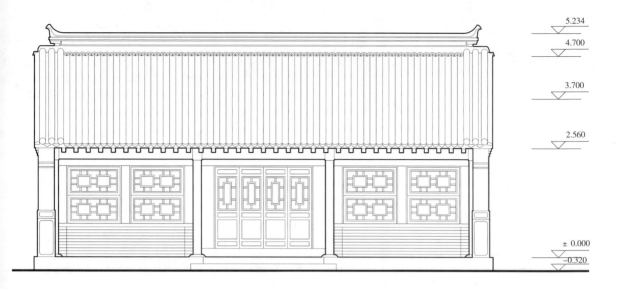

5.234
4.700
3.700
2.560
± 0.000
-0.320

九六　师佛仓西配殿正立面图

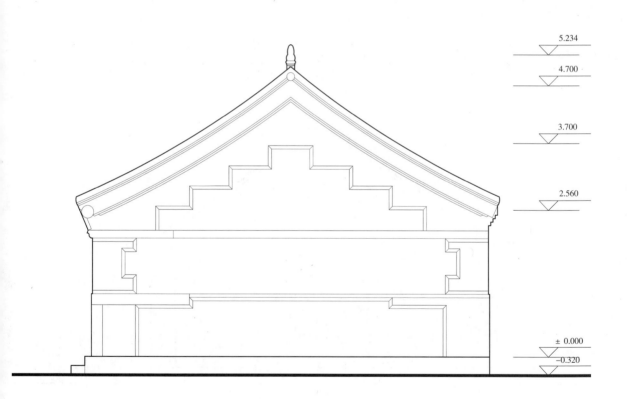

5.234
4.700
3.700
2.560
± 0.000
-0.320

九七　师佛仓西配殿侧立面图

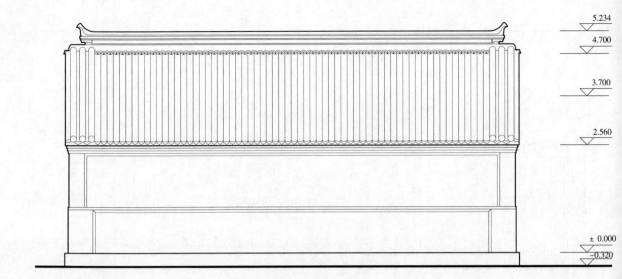

5.234

4.700

3.700

2.560

± 0.000
−0.320

九八　师佛仓西配殿背立面图

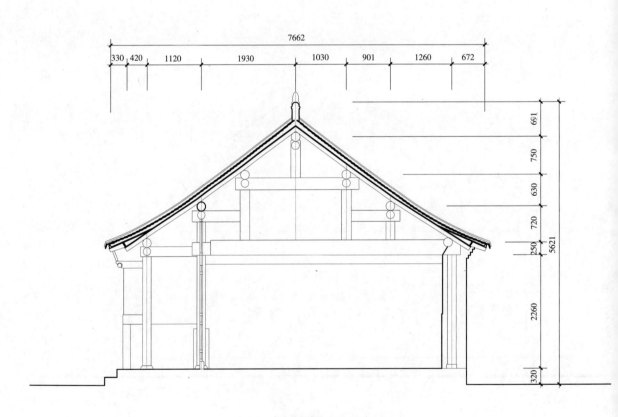

7662

330 420 1120 1930 1030 901 1260 672

691

750

630

720

250

5621

2260

320

九九　师佛仓西配殿横剖面图

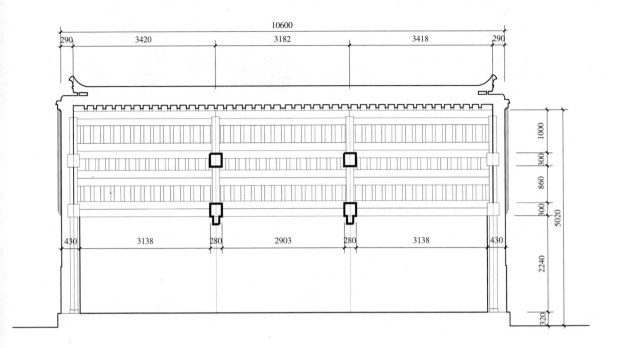

一○○　师佛仓西配殿纵剖面图

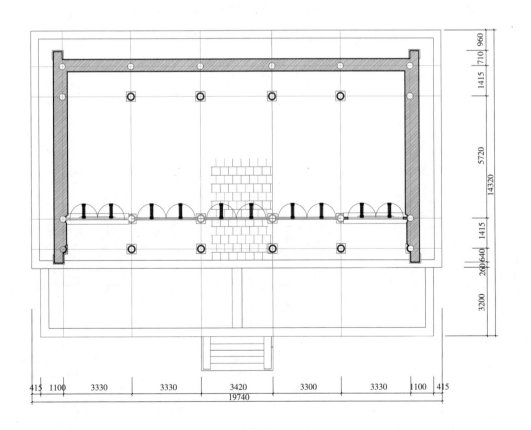

一○一　师佛仓正殿平面图

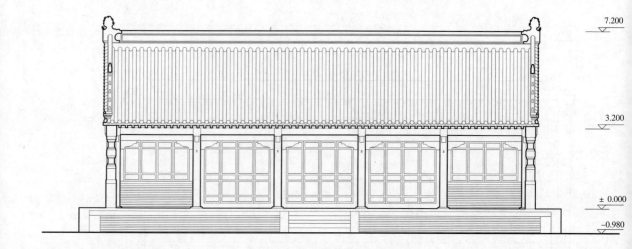

7.200

3.200

± 0.000

−0.980

一〇二　师佛仓正殿正立面图

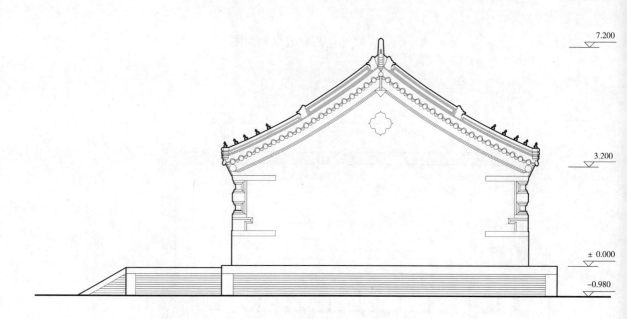

7.200

3.200

± 0.000

−0.980

一〇三　师佛仓正殿侧立面图

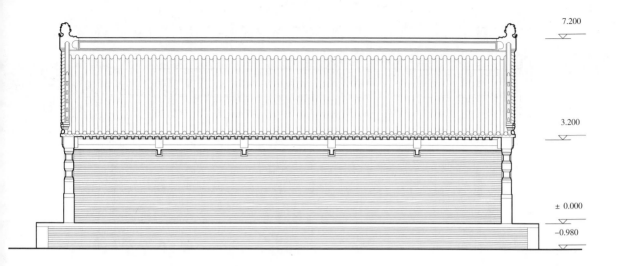

一〇四　师佛仓正殿背立面图

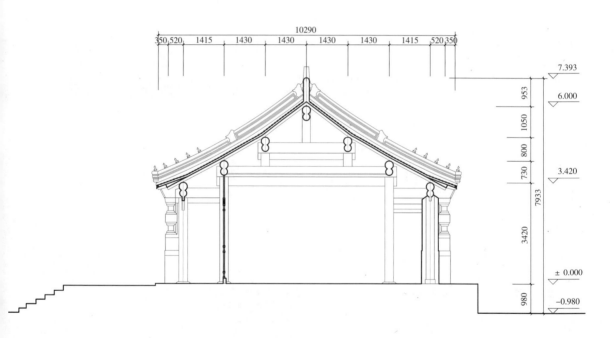

一〇五　师佛仓正殿横剖面图

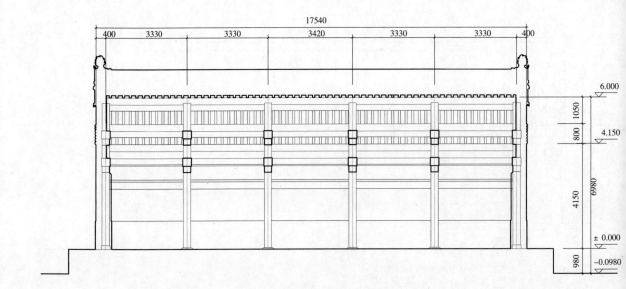

一〇六　师佛仓正殿纵剖面图

图版

一　惠宁寺迁建前空拍全景照

二　迁建前山门原状

三　山门六字真言天花

四　迁建前天王殿原状

五　天王殿圆券窗

六　迁建前大殿原状

七　迁建前大殿一层室内

八　大殿二层

九　大殿二层壁画局部

一〇　大殿三层局部

一一　大殿一层槛墙石雕

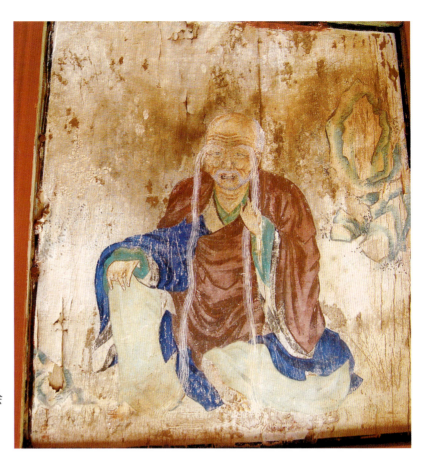

一二 大殿三层走马板彩绘
　　 之一

一三 大殿三层走马板彩绘
　　 之二

一四　大殿三层走马板彩绘
　　之三

一五　大殿三层走马板彩绘之四

一六　大殿三层走马板彩绘
　　　之五

一七　大殿三层走马板彩绘
　　　之六

一九　迁建前藏经阁原状

二〇　迁建前藏经阁壁画局部

二一　迁建前舍利殿原状

二二　迁建前钟楼原状

二三　迁建前钟楼梁架仰视

二四　迁建前鼓楼正立面

二五　迁建前角门

二六　迁建前月亮门原状

二七　迁建前书写殿原状

二八　书写殿象眼彩绘之一

二九　书写殿象眼彩绘之二

三〇　迁建前药王殿原状

三一　迁建前武王殿原状

三二　迁建前五佛殿原状

三三　迁建前关公殿正立面

三四　关公殿壁画之一

三五　关公殿壁画之二

三六 迁建前弥
勒殿原状

三七 惠宁寺蒙文碑

三八　迁建前师佛仓山门

三九　迁建前师佛仓正殿

四〇　尹湛那希井

四一　书写殿山花砖雕

四二　墀头砖雕之一

四三　墀头砖雕之二

四四　墀头砖雕之三

四五　墀头石雕

四六　檐部双滴水做法

四七　石佛龛

四八　惠宁寺古树

四九　山门脊部做法及灰背情况

五〇　惠宁寺各殿基础发掘空拍

五一　大殿基础局部发掘之一

五二　大殿基础局部发掘之二

五三　鼓楼磉墩及墙体基础发掘之一

五四　鼓楼磉墩及墙体基础发掘之二

五五　书写殿基础发掘

五六　书写殿室内发掘出土的
　　　砖雕须弥座

五七　发掘出土残缺的石刻造像
　　　之一

五八　发掘出土残缺的石刻造像之二

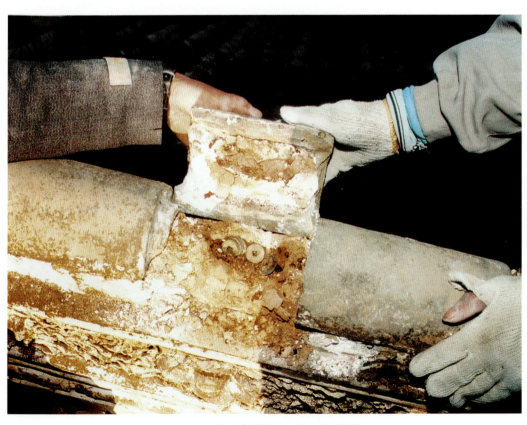

五九　正脊中部筒瓦中发现的铜钱

六〇 构件修补

六一 柱子墩接

六二　柱子包镶

六三　构件之间铁活加固

六四　大殿壁画揭取之一

六五　大殿壁画揭取之二

六六　壁画修复

六七　大殿一层墙内石柱安装

六八　大殿二层大木立架安装

六九　大殿二、三层大木立架安装

七〇　藏经阁大木立架

七一　藏经阁木基层安装

七二 钟楼安装

七三 炒樟丹

七四　地仗工序——搅灰

七五　地仗工序——熬油

七六　地仗工序——发血

七七　地仗挠毛

七八　荆条桐油钻生

七九　墙内柱防腐包瓦及防腐处理

八〇　新瓦件用热豆浆浸泡

八一　舍利殿檐柱地仗与油饰

八二　迁建竣工后的山门

八三　迁建竣工后的天王殿

八四　迁建峻工后的大殿之一

八五　迁建峻工后的大殿之二

八六　迁建峻工后的藏经阁正立面

八七　迁建峻工后的藏经阁侧立面

八八　迁建峻工后的舍利殿

八九　迁建峻工后的钟楼

九〇 迁建竣工后的西更房

九一 迁建竣工后的关公殿

九二　迁建峻工后的师佛仓山门

九三　迁建峻工后的师佛仓西配殿

九四　迁建峻工后的师佛仓正殿

九五　惠宁寺峻工验收之一

九六　惠宁寺竣工验收之二

九七　惠宁寺竣工验收之三

九八　惠宁寺峻工验收之四